同济博士论丛
TONGJI Dissertation Series

总主编 伍 江 副总主编 雷星晖

钱劲松 凌建明 著

高速公路路基拓宽力学响应
及桩承式加筋路堤应用技术

Mechanical Responses of Subgrade and Pavement
to Expressway-widening on Soft Foundation and
Application of GRPS Embankment

同济大学出版社
TONGJI UNIVERSITY PRESS

内 容 提 要

　　本书是遵循"工程性状—损坏机理—工程对策—技术措施—影响因素—优化设计"的研究主线，对软土地区高速公路拓宽工程中路基路面的力学响应和桩承式加筋路基处理措施进行了详细研究，并结合实体工程进行了处理效果的跟踪观测与实践验证。

　　本书的研究成果对软土地区高速公路拓宽工程的设计具有重要的借鉴意义，可供相关专业人士参与。

图书在版编目(CIP)数据

高速公路路基拓宽力学响应及桩承式加筋路堤应用技术 / 钱劲松，凌建明著. —上海：同济大学出版社，2017.8
（同济博士论丛 / 伍江总主编）
ISBN 978 - 7 - 5608 - 6843 - 1

Ⅰ．①高… Ⅱ．①钱… ②凌… Ⅲ．①高速公路—公路路基—道路工程—工程力学—研究②高速公路—桩基础—路堤—研究 Ⅳ．①TU471.8②TU473.1

中国版本图书馆 CIP 数据核字(2017)第 067602 号

高速公路路基拓宽力学响应及桩承式加筋路堤应用技术

凌建明　审　钱劲松　著
出 品 人　华春荣　　　责任编辑　高晓辉　胡晗欣
责任校对　徐春莲　　　封面设计　陈益平

出版发行　同济大学出版社　　www.tongjipress.com.cn
　　　　　（地址：上海市四平路 1239 号　邮编：200092　电话：021－65985622）
经　　销　全国各地新华书店
排版制作　南京展望文化发展有限公司
印　　刷　浙江广育爱多印务有限公司
开　　本　787 mm×1092 mm　1/16
印　　张　11.5
字　　数　230 000
版　　次　2017 年 8 月第 1 版　　2017 年 8 月第 1 次印刷
书　　号　ISBN 978 - 7 - 5608 - 6843 - 1

定　　价　57.00 元

"同济博士论丛"编写领导小组

袁万城　莫天伟　夏四清　顾　明　顾祥林　钱梦騄

徐　政　徐　鉴　徐立鸿　徐亚伟　凌建明　高乃云

郭忠印　唐子来　阎耀保　黄一如　黄宏伟　黄茂松

戚正武　彭正龙　葛耀君　董德存　蒋昌俊　韩传峰

童小华　曾国苏　楼梦麟　路秉杰　蔡永洁　蔡克峰

薛　雷　霍佳震

秘书组成员：谢永生　赵泽毓　熊磊丽　胡晗欣　卢元姗　蒋卓文

总　序

　　在同济大学110周年华诞之际，喜闻"同济博士论丛"将正式出版发行，倍感欣慰。记得在100周年校庆时，我曾以《百年同济，大学对社会的承诺》为题作了演讲，如今看到付梓的"同济博士论丛"，我想这就是大学对社会承诺的一种体现。这110部学术著作不仅包含了同济大学近10年100多位优秀博士研究生的学术科研成果，也展现了同济大学围绕国家战略开展学科建设、发展自我特色，向建设世界一流大学的目标迈出的坚实步伐。

　　坐落于东海之滨的同济大学，历经110年历史风云，承古续今、汇聚东西，秉持"与祖国同行、以科教济世"的理念，发扬自强不息、追求卓越的精神，在复兴中华的征程中同舟共济、砥砺前行，谱写了一幅幅辉煌壮美的篇章。创校至今，同济大学培养了数十万工作在祖国各条战线上的人才，包括人们常提到的贝时璋、李国豪、裘法祖、吴孟超等一批著名教授。正是这些专家学者培养了一代又一代的博士研究生，薪火相传，将同济大学的科学研究和学科建设一步步推向高峰。

　　大学有其社会责任，她的社会责任就是融入国家的创新体系之中，成为国家创新战略的实践者。党的十八大以来，以习近平同志为核心的党中央高度重视科技创新，对实施创新驱动发展战略作出一系列重大决策部署。党的十八届五中全会把创新发展作为五大发展理念之首，强调创新是引领发展的第一动力，要求充分发挥科技创新在全面创新中的引领作用。要把创新驱动发展作为国家的优先战略，以科技创新为核心带动全面创新，以体制机制改革激发创新活力,以高效率的创新体系支撑高水平的创新型国家建设。作为人才培养和科技创新的重要平台,大学是国家创新体系的重要组成部分。同济大学理当围绕国家战略目标的实现,作出更大的贡献。

大学的根本任务是培养人才,同济大学走出了一条特色鲜明的道路。无论是本科教育、研究生教育,还是这些年摸索总结出的导师制、人才培养特区,"卓越人才培养"的做法取得了很好的成绩。聚焦创新驱动转型发展战略,同济大学推进科研管理体系改革和重大科研基地平台建设。以贯穿人才培养全过程的一流创新创业教育助力创新驱动发展战略,实现创新创业教育的全覆盖,培养具有一流创新力、组织力和行动力的卓越人才。"同济博士论丛"的出版不仅是对同济大学人才培养成果的集中展示,更将进一步推动同济大学围绕国家战略开展学科建设、发展自我特色、明确大学定位、培养创新人才。

面对新形势、新任务、新挑战,我们必须增强忧患意识,扎根中国大地,朝着建设世界一流大学的目标,深化改革,勠力前行!

万 钢

2017 年 5 月

论丛前言

　　承古续今，汇聚东西，百年同济秉持"与祖国同行、以科教济世"的理念，注重人才培养、科学研究、社会服务、文化传承创新和国际合作交流，自强不息，追求卓越。特别是近 20 年来，同济大学坚持把论文写在祖国的大地上，各学科都培养了一大批博士优秀人才，发表了数以千计的学术研究论文。这些论文不但反映了同济大学培养人才能力和学术研究的水平，而且也促进了学科的发展和国家的建设。多年来，我一直希望能有机会将我们同济大学的优秀博士论文集中整理，分类出版，让更多的读者获得分享。值此同济大学110 周年校庆之际，在学校的支持下，"同济博士论丛"得以顺利出版。

　　"同济博士论丛"的出版组织工作启动于 2016 年 9 月，计划在同济大学110 周年校庆之际出版 110 部同济大学的优秀博士论文。我们在数千篇博士论文中，聚焦于 2005—2016 年十多年间的优秀博士学位论文 430 余篇，经各院系征询，导师和博士积极响应并同意，遴选出近 170 篇，涵盖了同济的大部分学科：土木工程、城乡规划学（含建筑、风景园林）、海洋科学、交通运输工程、车辆工程、环境科学与工程、数学、材料工程、测绘科学与工程、机械工程、计算机科学与技术、医学、工程管理、哲学等。作为"同济博士论丛"出版工程的开端，在校庆之际首批集中出版 110 余部，其余也将陆续出版。

　　博士学位论文是反映博士研究生培养质量的重要方面。同济大学一直将立德树人作为根本任务，把培养高素质人才摆在首位，认真探索全面提高博士研究生质量的有效途径和机制。因此，"同济博士论丛"的出版集中展示同济大学博士研究生培养与科研成果,体现对同济大学学术文化的传承。

"同济博士论丛"作为重要的科研文献资源,系统、全面、具体地反映了同济大学各学科专业前沿领域的科研成果和发展状况。它的出版是扩大传播同济科研成果和学术影响力的重要途径。博士论文的研究对象中不少是"国家自然科学基金"等科研基金资助的项目,具有明确的创新性和学术性,具有极高的学术价值,对我国的经济、文化、社会发展具有一定的理论和实践指导意义。

"同济博士论丛"的出版,将会调动同济广大科研人员的积极性,促进多学科学术交流、加速人才的发掘和人才的成长,有助于提高同济在国内外的竞争力,为实现同济大学扎根中国大地,建设世界一流大学的目标愿景做好基础性工作。

虽然同济已经发展成为一所特色鲜明、具有国际影响力的综合性、研究型大学,但与世界一流大学之间仍然存在着一定差距。"同济博士论丛"所反映的学术水平需要不断提高,同时在很短的时间内编辑出版110余部著作,必然存在一些不足之处,恳请广大学者,特别是有关专家提出批评,为提高同济人才培养质量和同济的学科建设提供宝贵意见。

最后感谢研究生院、出版社以及各院系的协作与支持。希望"同济博士论丛"能持续出版,并借助新媒体以电子书、知识库等多种方式呈现,以期成为展现同济学术成果、服务社会的一个可持续的出版品牌。为继续扎根中国大地,培育卓越英才,建设世界一流大学服务。

伍 江

2017 年 5 月

前　言

对既有公路进行扩建改造是提高路网技术等级和通行能力最重要的方式之一,路基拓宽则是各级公路扩建工程的关键。在我国,大规模的公路改扩建始于20世纪90年代末,并将在21世纪头20年得到继续。然而,我国在公路拓宽方面的技术储备相对不足,由此引起的工程病害普遍存在,严重影响了公路设施的使用性能。软土地区的高速公路拓宽工程,由于地质条件的复杂性以及路面使用性能的需求,对拓宽工程的地基处理提出了更高的要求。

因此,本书遵循"工程性状—损坏机理—工程对策—技术措施—影响因素—优化设计"的研究主线,对软土地区高速公路拓宽工程中路基路面的力学响应和桩承式加筋路堤处理措施进行了详细研究,并结合实体工程进行了处理效果的跟踪观测与实践验证。

(1)针对路基拓宽工程中新老公路修建历史的差异、沉降变形的特点及其对路面结构的显著影响,采用单元生死技术和流固耦合单元,建立了软土地基上高速公路拓宽工程的平面非线性有限元分析模型,并从地基沉降、孔隙水压力、路基变形和路面应力等方面,详细分析了老路地基为天然地基和复合地基两种工况下的工程响应,进而揭示了路基拓宽工程的特殊损坏模式-基层顶面弯拉开裂。

（2）针对桩承式加筋路基这一复杂的工作系统，突破传统分析方法难以反映荷载传递耦合作用的局限，采用流固耦合单元 C3D8P 模拟地基土、三维薄膜单元 M3D4 模拟土工格栅，并应用接触单元考虑桩土界面的状态非线性，建立了软土地基高速公路拓宽工程桩承式加筋路堤的三维有限元模型，从而通过土拱效应、土工格栅的拉膜效应，以及桩土间刚度差异引起的应力集中等方面验证了系统的工作机理。

（3）应用所建立的软土地区高速公路拓宽工程桩承式加筋路堤的三维有限元分析模型，通过桩土应力比、桩土摩擦、地基沉降、桩土差异沉降、格栅应力和路面应力等工程响应，考察了路堤高度、横断面布桩方式、桩长、纵向桩间距等主要设计参数的敏感性，并初步提出了一些设计优化的建议，可为实体工程设计提供参考。

（4）为进一步检验桩承式加筋路堤的工程适用性，根据现场条件，在沪宁高速公路(上海段)拓宽工程中进行了试验路的设计和施工。为期 7 个月的跟踪观测表明，处理措施合理、有效，同时验证了本文的部分研究成果。

本书的各项研究成果对软土地区高速公路拓宽工程的设计具有重要借鉴意义，并为进一步的研究奠定了良好的基础。

目　录

第1章

绪　论

1.1　研究背景

对既有公路进行扩建改造是提高路网技术等级和通行能力最重要的方式之一。在我国,大规模的公路改扩建始于 20 世纪 90 年代末,并将在 21 世纪头 20 年得到继续。据不完全统计,我国已有 7 条高速公路进行了拓宽改造,而这些工程大多集中在软土地区,如图 1-1 所示。

高速公路对路面结构性能及行车安全舒适的要求较高,但在河网密布、软基深厚的平原软土地区,拓宽工程荷载作用下路基路面的变形难以控制。总体而言,目前软土地区高速公路拓宽工程地基处理所面临的关键技术难题有:

(1) 拓宽路基导致的不协调变形。老路基作用下的地基固结变形已完成或基本完成,而拓宽路基的形成在老路基和地基中产生二次应力场,导致新的沉降变形,从而产生新老路基的不协调变形。这些问题最终可反映到路堤顶面,造成路面结构的损坏,出现过量不均匀沉降、错台、大规模纵向裂缝,乃至半幅新路基整体滑塌等病害。

(2) 既有公路及附属设施对拓宽改建的制约。一方面,由于老路的存

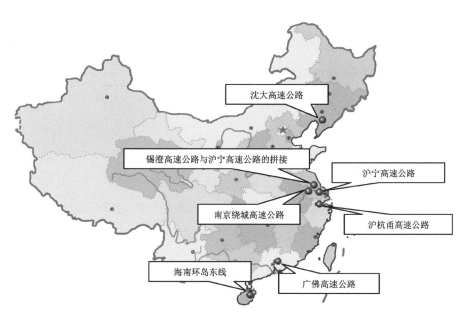

图 1-1　我国主要高速公路拓宽工程的分布(不完全统计)

在和不中断交通的特殊要求,制约了路基、路面、桥涵、排水、辅助设施等拓宽结构物的新建,要求地基处理必须在有限的施工场地与施工平台完成,从而对施工组织与管理提出了严格的要求;另一方面,拓宽结构物的新建可对老路构筑物和车辆通行造成影响,如何避免对原有路基路面结构及附近的基础设施产生较大的影响成为拓宽工程地基处理技术的难题,常规设计方案和施工工艺往往不再适用。

　　(3)新型地基处理技术设计计算理论不明确。针对高速公路拓宽的特殊工程条件,近年来一些新型软土地基处理技术不断涌现,如 PHC 桩桩网复合地基、CFG 桩桩网结构等。然而对于新型地基处理技术,已有的设计理论并不能完全适用,目前采用的处治技术和方案设计主要是定性的,设计方法和参数主要以经验为主,在相当程度上影响了目前的拓宽改建工程的技术水平。

　　另一方面,我国在该领域的技术储备明显不足。就工程实践而言,我国高速公路的扩建、扩容在 21 世纪才开始,已完成扩建工程虽然积累了一些成功的经验,但在地基软弱程度、老路路堤填土高度、桥梁结构物、沿线管线、建设周期等方面均不尽相同,其成果推广程度具有一定的局限性;就理论研究而言,国内外进行了一系列的研究,积累了一定的成果,但研究远未深入,许多理论问题尚未解决;就设计施工规范而言,我国现行《公路路基设计规范》对旧路拓宽有明确的指标和设计要求,但对于平原软土地区而言,其深度和广度还远远不够。

因此,本文依托沪宁高速公路(上海段)拓宽工程,拟对软土地基高速公路拓宽工程的工程响应,以及适用于高速公路拓宽工程的软土地基处理技术(桩承式加筋路堤)进行研究,并结合研究成果在实体工程中的具体应用进行效果评价,以期解决实体工程中出现的技术难题,保障拓宽工程的建设质量、延长道路使用寿命,为今后上海地区及我国其他软土地区高速公路拓宽改建工程提供借鉴,并为相关规范的制定和修订提供科学的依据。

1.2 我国已有工程实践的总结与分析

国内已经有多条高速公路进行了拓宽改建及拼接处理,有了一定的工程实践,如广佛高速公路[1]、海南环岛东线、沪杭甬高速公路[2]、沪宁、南京绕城等高速公路相继局部或全线拓宽,锡澄高速公路与沪宁高速公路的拼接[3]等。各工程的基本情况和地基处理措施如表 1-1 和表 1-2 所示,分述如下。

1. 广佛高速公路

广佛高速公路原设计为双向 4 车道,从 1997 年开始扩建,采用沿老路两侧加宽的方式建设,1999 年 10 月竣工。广佛高速公路全长 14.8 km,其中约 6.86 km 按 8 车道扩建,路基宽度约 41 m,另外约 7 km 按 6 车道扩建,路基宽度 33.5 m。全线软土路基累计 4.8 km,软土厚度 10～20 m,可以分为山间河谷型淤泥、河流阶地冲积的砂土和三角洲相沉积地砂土三类。老路基采用排水固结法进行处理,为解决新老路基拼接过程中的沉降及稳定问题,广佛高速公路采用粉喷桩加固处理以形成复合地基,粉喷桩的处理长度约为 10 m[4-9]。

表 1-1 我国已建设的高速公路拓宽工程基本情况

开工时间	扩建拓宽工程	原路幅布置	扩建拓宽方案	拓宽方式
1996 年 11 月	海南环岛东线	半幅双向 4 车道	扩建左幅双向 4 车道	单侧拓宽
1997 年 8 月	广佛高速公路	双向 4 车道	部分路段双向 8 车道,部分路段双向 6 车道	双侧拓宽
2000 年 1 月	沪杭甬高速公路	双向 4 车道	分段拓宽成双向 6 车道	双侧拓宽
2002 年	沈大高速公路	双向 4 车道	双向 8 车道	双侧拓宽
2004 年	沪宁高速公路	双向 4 车道	双向 8 车道	双侧拓宽

表 1-2 我国主要几条高速公路拓宽工程地基处理措施

工程名称	老路地基处理方式	新路地基处理方式
广佛高速公路	袋装砂井＋砂垫层	粉喷桩(或部分粉喷桩)＋砂垫层
海南环岛东线	未处理或抛填片石简单处理	原为塑料排水板后改粉喷桩
沈大高速公路	塑料排水板	塑料排水板
沪杭甬高速公路	塑料排水板,粉煤灰路堤	塑料排水板,搅拌桩,预应力管桩＋土工格栅
沪宁高速公路	塑料排水板,粉喷桩,粉煤灰路堤	粉(湿)喷桩,PTC 桩,EPS 路堤
南京绕城高速公路	塑料排水板,袋装砂井,粉喷桩	粉(湿)喷桩,CFG 桩,PCC 桩

2. 海南环岛高速公路

海南环岛高速公路是同江-三亚国道主干线最南端的一部分,全线软土为淤泥、淤泥质黏土两种。由于受投资的限制,采取分两次半幅修建的方式进行。原道路软土路基除部分路段抛填片石简单处理外,其他路段未处理;在拓宽段处理过程中,为减少扩建工程对老路的影响,将原设计的塑料排水板地基全部改为粉喷桩处理。在部分可能存在稳定问题的路段,采用反压护道的方式处理[10]。

3. 沪杭甬高速公路

沪杭甬高速公路软土路段长约 23 km,其中层厚 20 m 以上的路段达17.6 km,软土主要是灰色流塑状淤泥质亚黏土,局部夹粉砂层。原道路软土路基采用塑料排水板+堆载预压处理,路堤填料采用粉煤灰;拓宽段软基处理采用预压、塑料排水板+等载预压、粉喷桩、路堤桩+土工格栅等方法,在国内首次将路堤桩(控沉预应力疏桩)用于高速公路的地基处理中,达到了控制差异沉降的目的,但没有提出具体的设计方法,可以说是一种试验性的软基处理方法[2]。

4. 锡澄高速公路与沪宁高速公路的拼接

锡澄高速公路 1999 年开工兴建,在锡澄高速公路与沪宁高速公路的拼接处,采用直接式拼接(图 1-2(a))和分离式拼接(图 1-2(b))两种拼接方式,采取了不同的处治技术,直接拼接段为加速地基固结沉降,采取超载预压法;分离拼接段采用了在新老路基之间打设沉降隔离墙(地下连续墙)的处理方法。该工程提出了沉降计算方法及差异沉降的控制标准,成功地实现了拼接,丰富了拼接技术,其经验可为后续工程的设计和施工提供经验。但其处理方式需要较长的预压时间,在工期紧的情况下难以满足要求,且在预压时存在老路路面的排水问题,必须严格控制拓宽段路基的工后沉降量,否则会引起新老路基较大的差异沉降,从而导致路面的拉裂[3,11-13]。

当沪宁与锡澄的直拼段实施拼接后(地基为不处理),实测到老路肩与原路中心间沉降差达到 3~4 cm 后,发现内行车道内右侧路面出现局部纵向裂缝,裂缝长 80 m,最大缝宽为 3~5 mm。左侧缝宽只有 1~2 mm,横坡

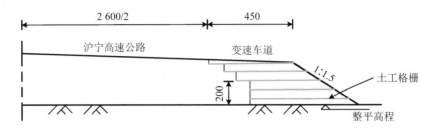

(a) 直接拼接段地基处理

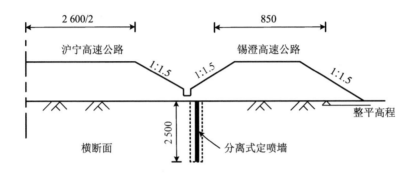

(b) 分离拼接段地基处理

图 1-2 锡澄高速公路与沪宁高速公路拼接的处理方案(单位：cm)

增大 0.1%～0.57%[14]。

5. 沪宁高速公路(江苏段)

沪宁高速公路(江苏段)由双向四车道扩建为双向 8 车道,采取了双侧拓宽的拼接方式。软土地基为第四纪全新统冲湖积层,双层软土,间夹 0～0.5 m 硬塑状黏土、亚黏土,局部缺失,上层淤泥质粉质黏土夹粉砂或互层,厚 2～16.8 m,下层淤泥质粉质黏土局部存在,厚 17～21 m。原道路软基处理采用了清淤换土、塑料排水板、堆载预压、粉喷桩等方法(图 1-3),部分路段采用了粉煤灰轻质路堤。拓宽路段软基处理采用了粉喷桩、湿喷桩、预应力空心薄壁管桩等方法,部分路段采用了 EPS 轻质路堤[15]。

6. 南京绕城高速公路

南京绕城高速公路由双向 4 车道扩建为双向 6 车道,采取了双侧拓宽

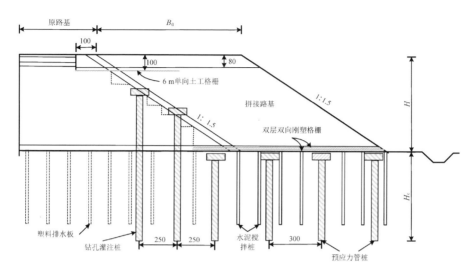

图1-3 沪宁高速公路(江苏段)拓宽的处理方案(单位: cm)

的扩建方式。全线软土路基累计16.5 km,油坊桥段硬壳层约2 m,双层软土夹砂层,上层淤泥质亚黏土厚2~6 m,天然含水量37%~44%,下层淤泥质亚黏土厚10 m,最厚处达30 m;秦淮河段硬壳层约4 m,其下淤泥质亚黏土,厚5~15 m,天然含水量30%~43%。原道路软基处理采用塑料排水板、袋状砂井、预压固结、粉喷桩等方式。拓宽段软基处理采用粉喷桩、湿喷桩、CFG桩、现浇薄壁管桩(PCC)等方式。

7. 沈大高速公路改扩建工程

沈大高速公路建成于1990年,于2002年由双向4车道扩建为双向8车道。工程沿线地质条件较为复杂,其中海城段地基为亚黏土,承载力较高,为一般地基;大石桥段和淤泥河段地质为第四纪海陆交互沉积地层,主要由亚黏土、泥土、淤泥及淤泥质黏土组成。设计方案主要包括:① 一般路堤段采用浅层石渣处理(40 cm或70 cm);② 沟塘路堤段采用砂砾(70 cm)+塑料排水板+(土工布)处理;③ 软土较厚、填土较高的特殊路段采用粉喷桩+石渣(70 cm)处理[16-17]。

综上所述,在上述高速公路的拓宽工程中,设计时均意识到差异沉降的影响,但均未形成整套的软基上高速公路拼接的设计计算方法,使得地基处理设计和施工具有一定的盲目性。

1.3　公路拓宽工程的国内外研究现状

1.3.1　设计、施工工艺的研究

1999 年美国普渡大学(Purdue University)的 Richard J. Deschamps 等[18]对一般的加宽路基进行了研究,提出了设计路基的设计指南和施工步骤,并对相应的规范进行了修正。研究中通过对印第安纳州 5 条加宽道路的调查,分析得到加宽病害的主要原因包括压实度不合标准、台阶开挖不合理、路表水流的渗透导致的路基土软化等。因此提出加宽时的设计要点包括:① 台阶的高度不宜超过 1.5 m;② 拓宽路基压实度应不小于 95% 的标准,含水量应在最佳含水量 -2%~+1% 范围内;③ 拓宽填土的渗透性应与老路基填土尽量保持一致;④ 应完善路表排水系统的设计,充分考虑地下水的影响;⑤ 推荐填土的塑性指数和坡比的关系见表 1-3。

表 1-3　填土的塑性指数和坡比关系[18]

塑性指数	坡比($H:V$)
0~20%	2
21%~25%	2.25
26%~35%	2.5
36%~45%	2.75
46%~55%	3

国内通过理论数值分析提出的路基沉降控制标准的报道较多。

如汪浩[19]分析了高速公路拼接工程中不均匀沉降对半刚性基层路面

结构的影响,认为路面结构性能允许的不均匀沉降的坡比为 0.4%,路面功能性要求允许的不均匀沉降的坡比为 0.15%,应适当提高新路堤的工后沉降标准,建议一般路堤匝道不超过 20 cm,桥头段不超过 10 cm。

章定文[20]从路面结构的功能性要求和结构性要求着手,分析了软土地基上高速公路加宽土程中半刚性基层沥青路面容许的差异沉降,认为 0.4%的坡差对于路面结构性要求和功能性要求都是合适的。

刘汉清等[21]通过对一条二级公路加宽工程计算后认为,0.6 cm 的新老路基工后不均匀沉降值和 0.3%的沉降坡差是容许的。

曾国东等通过对一条二级公路加宽工程计算后认为,新老路基工后不均匀沉降值 0.5 cm,容许沉降坡差为 0.25%。

另外,有的加宽工程也根据试验路建立了相应的控制指标及标准。

沈大高速公路改加宽工程路堤加宽技术研究课题组提出了新加宽路堤下后沉降量不大于 8 cm 的控制标准。

河海大学在沪宁高速公路加宽工程试验段地基处理中期报告中指出:拼接路基施工后,原高速公路路堤中心与新路肩的横坡度增大值应小于 0.5%,与原公路横坡相比不得出现反坡。

锡澄与沪宁高速公路拼接段设计要求:工后沉降控制年限为 15 年,对一般路段工后容许沉降量≤30 cm,桥头段工后容许沉降量≤10 cm,过渡段工后容许沉降量≤20 cm,拼接路堤施工引起的横坡改变值小于 0.5%。扬州西北绕城-京沪拼接工程认为,路面结构性能容许的不均匀沉降坡比为 0.4%,路面功能性要求容许的不均匀沉降的坡比为 0.15%,并建议一般路堤匝道工后容许沉降量不超过 20 cm,桥头段工后容许沉降量不超过 10 cm。

其他方面,桂炎德[22]重点对地基处理、桥梁、互通式立交的拼宽改造设计做了介绍,并对拼宽工程中如何保持高速公路正常运营等关键性问题进行了探讨;孙四平[23]根据黑龙江大齐试验路段的加宽改造工程进行了多个方案的比较,并综合分析各个方案的地基沉降、路基稳定性、路基静载压缩变形,以及路基土行车荷载的塑性累计变形等产生的路面不均匀沉降,得到综合处置方案;何长明[24]通过将拓宽段新路基的受力机理与桥头过渡段受力机理比较,将桥头过渡段模型引入到拓宽路段的设计中,探讨了在新旧路面结合处打设粉喷桩,并在其上设置纵梁和水泥混凝土面板的设计方案(图1-4),认为该方法不仅能提高地基承载力、减小沉降,还能较好地处理软弱的老路基边坡,并减小新路基对老路基的不良影响。李晨明[25]根据沈大高速公路拼宽工程探讨了拼宽工程中的路基质量问题;吴波[26]结合沈大高速公路改造扩建项目,分析了对新填路基的一些特殊工艺,分析了土工格栅在提高路基整体承载力的稳定性方面的作用;黎志光[1]介绍了广佛高速公路拼宽工程中对新老路基路面横向衔接、路面防水排水、纵向裂缝控制和处理等方面施工措施;李索平[27]在经验的基础上,从理论上归纳总结了土工格栅砂垫层在软土地基上拼宽改造工程中的一套设计计算实用方法;刘志博[28]结合沈大路拼宽探讨了防止产生纵向裂缝的施工工艺;郭志边[13]以锡澄-沪宁高速公路拼接段工程为例,结合工程造价、处理效果对分离式定喷墙处理方法进行了探讨,详细介绍了分离式定喷墙的施工,根据沉降观测和有限元分析表明,定喷墙方案能明显减小老路堤的工后沉降;罗火生[29]结合广东新台高速公路加宽工程实践,介绍了CFG桩特点、施工控制、现场试验等,分析表明在同一路段上,CFG桩处理比粉喷桩处理的总造价要低,工期短,而且其承载力也优于粉喷桩;王斌[30]以沪宁高速公路拼

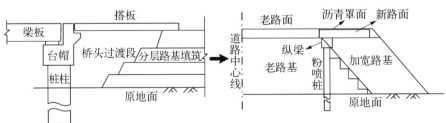

图1-4 借鉴桥头过渡断处治思想的拓宽路基设计方法[24]

宽工程昆山试验段为背景,详细介绍了刚性管桩(预应力疏桩)复合地基的设计方法,分析了沉桩施工对老路和环境的影响,表明采用该方案在相同承载力条件下比水泥土桩节省造价 10%,同时提出需注意对老路的扰动引起老路新的附加沉降;丁小秦[31]介绍了薄壁管桩在上海北环高速公路拼宽中的应用,重点阐述了薄壁管桩的施工工艺、质量监测等问题;黄琴龙[32]对EPS(发泡聚苯乙烯)轻质填料进行了理论分析和工程验证,结果表明采用EPS 填筑拼宽路堤,可显著减小拼宽路堤下卧层地基土土层的侧向变形,大幅度降低新路基的总沉降,有利于新老路堤的协调变形,是一种非常有效的处治措施;孙文智[33]则从施工组织方面阐述了高速公路拼宽时的一些工程措施。

综上所述,在路基拓宽控制指标方面,指标的确定没能很好体现软基上加宽工程的特殊性,而且已有的控制标准差异较大,在 0.15%～0.5% 之间变化。在设计施工方面,探讨多局限于具体单一工程,缺少理论支持,更缺乏系统性。

1.3.2 理论研究与数值模拟

陈玉良等[34]采用地基弹性理论方法以及考虑应力历史影响的沉降计算方法进行定性分析研究(地基下沉示意图如图 1-5 所示),得出新老路基出现差异沉降是路面产生裂缝的结论。

嵇如龙[35]应用分层总和法,得到 $S_{工后}=(S_{新总}-U_{老}S_{老总})\times(1-U_t)$,其中,$U_{老}$ 为拓宽施工前老路基的固结度,U_t 为新路基在施工完成后的固结度。但是,应用分层总和法没有办法考虑新老路基的相互影响,在新老路基结合处的差异沉降计算值偏大,不能有效地模拟差异沉降的横断面形状。并且,分层总和法只能计算出地基顶面的不均匀变形,却无法反映出路堤顶面的实际沉降横断面图,而后者才影响着路面结构的受力状态。

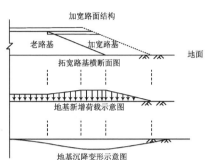

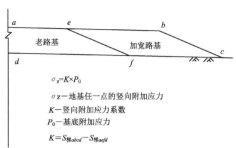

图 1-5　新老路基出现的差异沉降[34]　　　图 1-6　改进的分层总和法[36]

　　杨卫东等[36]采用对附加应力进行修正的改进分层总和法(图 1-6)来估算新加宽路基的沉降,其竖向附加应力的修正算法即以拓宽带来的道路横截面变化(即路基荷载自重应力)作为修正因子。

　　在高速公路拓宽工程中,新老路基的固结计算时间差异往往数十年,新路施加后往往存在侧向变形,即其固结变形特性具有明显的二维特征,较精确计算需采用有限元法,固结计算采用比奥(Biot)固结理论。事实上,随着计算机的发展,有限单元法分析方法在土工问题中得到越来越多的应用。

　　如 E. Vos, A. N. G. Van Meurs 等[37]对加宽路基的间隙法(the Gap Method)填筑进行有限元数值计算后认为,拼宽路基的间隙法填筑较普通的水平填筑可以有效减小老路的水平变形(减小约 30%),从而减小了路面结构开裂的可能性,但竖向沉降没有明显影响。

　　R. B. J. Brinkgreve 和 P. A. Vermer[38]分析了选取不同有限元本构模型对计算差异影响,指出应用弹塑性摩尔库仑模型(MC 模型)与修正 Cam-Clay 模型在计算竖向变形比较接近,而后者计算的水平变形较前者计算的水平位移偏小些,而修正 Cam-Clay 模型计算结果与实测资料较为吻合。

　　Jones 等分析土工格栅加筋桩承式路堤在拼宽工程中的应用,并认为土工格栅中的拉力是由桩间土变形和路堤边缘土体的水平位移引起,推导了计算土工格栅中的拉力公式,但他没有考虑路堤—格栅—桩—土四者之间的共同作用,分析只是集中在桩、土工格栅等单一个体上。

Ludlow[39]提出了采用剑桥模型分析软土地基上的路堤变形的步骤,认为不排水剪切强度和超固结比是影响结果的主要因素。

A. G. I. Hjortnæs-Pedersen 和 H. Broers[40]利用大型离心机模型试验和 PLAXIS 有限元程序分析了加宽路基施工过程中软土地基的力学特性和变形特性,研究表明,离心模型试验和有限元分析具有较好的一致性,但也有一定的差异:加宽部分软土中量测的孔隙水压力较有限元分析值大15%;离心模型试验中加宽部分刚填筑完时,实测沉降是有限元分析值的2~2.5 倍,但固结度达到 80%时,二者又十分吻合;对于水平位移,采用弹塑性摩尔库仑模型的计算值是实测值的 2~3 倍,而采用修正 Cam-Clay 模型的计算值和实测值比较相近。

国内,周志刚[41]利用弹性应变有限单元法,对老路拼宽下路基在自重应力作用下的应力应变规律进行了探讨,并提出了路基拼宽的方法,但他没有考虑新老路基的施工时间差异和土的固结对沉降的影响,也只是在针对一般中低级路基拼宽高级路基,并没有考虑软土地基的情况。

汪浩[42]应用二维比奥固结理论的平面应变有限元方法,分析了新路堤作为附加荷载对老路堤和地基的影响;加宽后路堤和地基的剪应力分布情况,最大剪应力的位置;加宽时地基的稳定状态。

章定文[20]采用有限元法对新老路堤的相互作用机理进行研究,分析了老路边坡开挖和加宽部分路堤填筑对老路沉降和侧向位移的影响,以及粉喷桩和深搅桩隔离墙两种处理方法下加宽部分路堤填筑对老路沉降和侧向位移的影响,并从路面功能性要求和结构性要求两方面分析了扩建工程中容许的不均匀沉降。

钱劲松[43]结合 ANSYS 有限元采用 Drucker-Prager 模型分析了路基宽度和高度变化对拼宽工程中的沉降计算的影响,并指出双侧拼宽对路面结构比较有利。

贾宁[44]基于摩尔-库仑理想弹塑性模型分析了杭甫高速新路基拼宽时产生的附加应力对老路的影响,研究了老路和拼宽荷载的沉降变形规律,并与实测值进行了比较,提出拼宽路堤路面铺设时间应以新老路堤工后差异沉降大小为控制标准。

郭志边[45]应用土体固结非线性有限元对锡澄与沪宁高速公路拼接段的沉降隔离墙的工作状态进行数值模拟,验算了隔离墙对新老路堤所起到的减小工后沉降降低横坡比等作用,分析了分隔墙自身的应力应变和沉降规律。

苏超[46]利用原高速公路的监测沉降记录,对拼接地区的地基参数进行反馈分析,确定能综合反映当地地基状况的参数,利用土体固结非线性有限元法对高速公路拼接段地基处理技术进行了数值模拟。该方法在锡澄与沪宁高速公路拼接段上应用,经一年多的现场监测表明取得了良好的效果。

综上所述,国内外在理论分析与数值模拟方面进行了大量的研究,但在新老路基修筑历史、地基材料本构模型、地基处理数值模拟等方面的考虑存在较大差异,有必要进一步进行细化和总结。

1.3.3 试验研究

国内外加宽路基试验研究以模型试验和离心试验为主。

H. G. B. Allersma 等[47]利用小型离心机模型结合 PLAXIS 有限元程序分析了加宽路基的失稳破坏和两种不同填筑方法对路面纵向裂缝的影响。

汪浩[19]通过离心模型试验(图 1 - 7)模拟旧路堤填筑、有无路堤加筋的拼接加宽和极限破坏 4 种情况,量测加宽过程中不均匀沉降和孔隙水压的发展以探求新老路堤的相互影响,对比分析了有无路基加筋加宽的效果和量测了加筋路堤中的筋材的拉应变分布,并对极限状态下加宽路堤的破坏方式和位置进行探讨。试验结果表明:土工格网铺设在软基和路堤之间比铺设在加宽路堤中部加筋效果显著;土工格网的铺设有助于防止可能出现的剪切滑动,调整堤身荷载的传递方向和范围,可发挥减小沉降特别是差异沉降的作用。

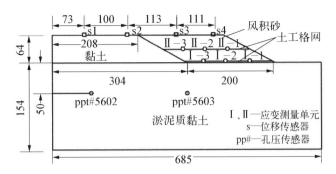

图1-7 离心模型试验设计方案

孙四平[48]设计了一组模型试验对新老路基的加筋和未加筋进行了对比试验,结果分析表明未加筋新老路基之间的明显刚度和变形差异会导致路面结构受力不均匀,影响路面疲劳寿命,而加筋后可以明显减小上覆荷载向路基内部扩散和传递,使路基内受力均匀,沥青面层底面也会处于均匀受压状态,这样有利阻止和延缓路面发射裂缝的发生和发展。

黄琴龙等[49]在路基拓宽室内试槽试验中,采用在路堤底部预填一定厚度的易溶性化肥,再注水溶解的方法来模拟新老路基不协调变形的形成(图1-8),并重点研究新老路共同作用层设置和路基加筋的作用。结果表明,设置一定厚度的新老路共同作用层可以明显减小新老路基的工后差异沉降;土工格栅加筋可以显著降低地基顶面所受的土压力,从而减小新老路基不协调变形。

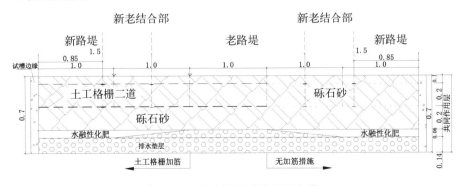

图1-8 室内模拟试验设计方案

1.4 桩网地基的应用与研究现状

1.4.1 桩网地基的工程应用

桩承土工合成材料加筋垫层（geosynthetic-reinforced and pile-supported earth platform，GRPS[50]）是近年来出现的一种新型软土地基处理技术，通常被称为桩网复合地基，应用于公路工程中时也被称为桩承式加筋路堤。其总体构成为在对软土地基进行加固的桩顶上铺设一加筋垫层，而加筋垫层是在砂或碎石垫层中加铺一层或多层土工合成材料（如土工布、土工织物、土工格栅等）而形成，这样可使路堤填土荷载更均匀地作用于桩顶及桩间土，防止路基的不均匀沉降，保证路基的稳定性[51]（图1-9）。

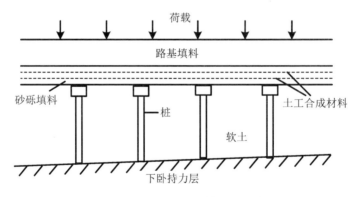

图1-9 桩网复合地基组成示意

复合地基可分为水平向增强体复合地基和竖向增强体复合地基[52]，加固后的软土地基多属于其中一种复合地基。桩承土工合成材料加筋垫层法形成的平铺加筋群桩复合地基，既有水平向增强体（加筋垫层），又有竖向增强体（群桩），能取得更好的效果。因土工合成材料有着较高的拉张力，使得软土地基上的路堤在加筋后能够提高地基承载力，减少不均匀沉降和保持边坡稳定。桩基加固软土时,上部荷载大部分由桩承担,而桩间土只承担小部分。因而可以加快施工进度,明显地减少总沉降和不均匀沉降,减少土压力,亦可避免特殊地段的开挖与充填。不过,由于路基侧向推力的存在,桩基加固地基需要在外缘设置斜桩,为了通过土拱效应有效地将上部荷载传递到桩、使桩间土的弯沉以及反射到路基表面的弯沉最小,必须把桩布置成密桩或者需要采用尺寸较大的桩帽。

桩承土工合成材料加筋垫层法兼备了上述土工合成材料或桩基加固软基的优点,两种方法的结合使得它具有了以下优点:① 加筋垫层的存在提高了桩土的应力分担比,增加了由土到桩的荷载传递,同时也减少了桩间土的不均匀沉降;② 可以由桩基所需的密桩布置改为疏桩布置,使得用桩数量大为减少,或者桩帽可以由大尺寸改为小尺寸;③ 由于加筋垫层可限制土体的侧向变形与位移,故可以不设置外缘斜桩;④ 桩数量的减少可加快工程建设进度,提高经济效益。

该法主要适用于软土地基下有承载力较大的坚硬土层或岩层,上部有一定的填土高度,工程施工时间比较紧张,须在短时间内完成,对总沉降和不均匀沉降有比较严格要求的情况。

晏莉等[51]对桩承土工合成材料加筋垫层法的工程应用进行了较为全面的总结,包括:路堤软土地基加固尤其是低填土路基的软土地基加固、桥台后过渡段软土地基加固以防止出现桥头跳车现象、高填土分段挡土墙的软土地基加固、旧路改造中扩建的新路堤的软土地基加固以防止新老路基过大的差异沉降、房屋建筑软土地基加固、贮藏油罐软土地基加固。现分述如下。

1. 公路与铁路

湖南省益常高速公路 K81+80—K81+180 路段作为试验工程采用了粉喷桩结合 CE131 土工格网进行软土地基加固,明显减少了路基的沉降量[53]。潭邵高速公路 K127+305—K127+650 路段地基为饱和软黏土地基,采用水泥粉喷桩处治,在桩顶铺设一层砂砾垫层,垫层上布设一层土工布,然后铺设两层土工格网,土工合成材料(土工布、土工格网)层间填土[54]。

南昆线永丰营车站的软土地基加固,是较早使用桩承土工合成材料加筋垫层法的工程实例[55],1993 年初原站场路基竣工后不久,发现线路左侧水田隆起,路基多处下陷开裂,变形严重,多处浆砌片石护脚墙损坏。后经勘探查明,地基分布两层淤泥质黏土,为确保铺架工期,决定采用粉喷桩加固,并在软土区的路堤下部增设 2～3 层 CE131 型土工格网。全站路基填土只用了 4 个月,为全线铺轨赢得了工期。从为时 38 个月的观测结果看,沉降和位移均匀,其值都在设计范围之内,而且在填土达到设计标高 10 个月后不再有较大的发展,说明路基已趋向稳定。

2. 桥台后过渡段

在秦沈客运专线中,跨东花公路中桥沈台过渡段,用于加固地基的碎石桩顶部设碎石垫层厚 0.5 m,碎石垫层内铺设一层聚丙烯编织布[54];该专线在一些中桥桥台后的软基加固中,还采用了水泥粉体喷射搅拌桩(粉喷桩)和土工格栅进行加固处理[56]。用该法加固软土地基可以减少地表总沉降量,并能在较短时间内趋于稳定,有效地减少路与桥过渡段之间的差异沉降,保护桥台桩基不受过大的侧向推力。图 1 - 10 为 Reid 等[57]采用该方法解决桥头引道差异沉降的问题。

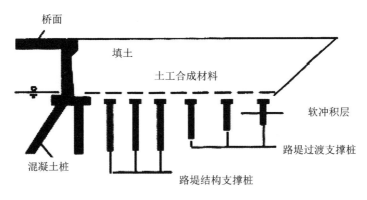

图 1 - 10　桥台过渡支撑桩

3. 分段挡土墙

在巴西,桩承土工合成材料加筋垫层法也被用来支承土工格栅加固的,作用在 9 m 厚的有机质淤泥和黏土上的分段挡土墙,喷射灌注桩用来支承分段挡土墙,土工格栅加筋垫层作用于分段挡土墙的基底,以减少不均匀沉降[58]。

4. 旧路加宽

在 Carolina 的南部,当要对一旧路进行加宽和加高处理以满足交通需要而增加两个车道时,采用了桩承土工合成材料加筋垫层法[59],图 1 – 11 为该工程的一典型横断面,自从该旧路加宽工程 1997 年完工后还没有出现任何问题。

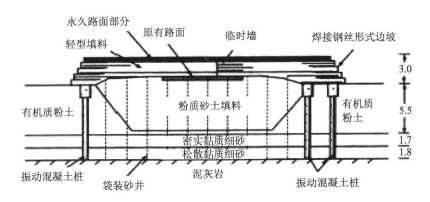

图 1 – 11 路面加宽的典型横断面

5. 房屋地基处理

Han 和 Akins 在美国俄亥俄州用桩承土工合成材料加筋垫层法来处理自由填土上的房屋建筑[59],如图 1 – 12 所示。由于地基土是由高可变性的自由填土和性质不同的新的填料组成,地基的不均匀沉降和总沉降成了该工程的关键问题。桩承土工合成材料加筋垫层法形成的复合地基,提供了相对刚性的平台来过渡作用在下卧层上的填土,从而减少了不均匀沉降。

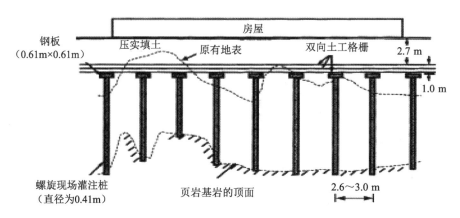

图 1-12 作用于桩承土工合成材料加筋垫层上的房屋

6. 贮藏油罐地基处理

Shaefer 等[57]在处理厚 3.0～4.5 m 的软弱有机质粉土和泥炭土上的贮藏油罐地基时,采用了振动混凝土桩来减少总沉降和差异沉降,在桩顶铺设了 3 层土工格栅,形成了一个荷载传递平台。

1.4.2 桩网地基的设计方法

桩网地基的设计,包括桩和垫层的设计,主要有桩型选择、布置方式、垫层厚度及土工材料铺设层数,其中关键在于如何确定筋材所受拉力,从而选择筋材的方法,现有的方法主要有 Catenary 法、Carlsson 法、英国 BS8605 法和 SINTEF 法。

1. Catenary 法

John[60]提出了计算筋材应变和其内部产生的拉力的公式:

$$\varepsilon_r = \frac{1}{2}\sqrt{1 + 16\frac{\Delta S_r^2}{b_n^2}} + \frac{b_n}{8\Delta S_r}\ln\left(\frac{4\Delta S_r}{b_n} + \sqrt{1 + 16\frac{\Delta S_r^2}{b_n^2}}\right) - 1 \quad (1-1)$$

$$T_r = \frac{1}{2}(\sigma_{sr} - \sigma_s)b_n\sqrt{1 + \frac{b_n^2}{16\Delta S_r^2}} \quad (1-2)$$

式中，ε_r 为筋材产生的应变；ΔS_r 为筋材最大的挠度；b_n 为桩帽的净间距；T_r 为筋材内产生的拉力；σ_{sr} 为筋材上的平均垂直应力；σ_s 为作用于筋材下部的平均垂直应力（土的抵抗力）。

基于土拱率可以确定作用在筋材上的平均垂直应力。此外，John 假设 $\sigma_s = 0.15\gamma H$。确定筋材产生的应变和拉力的过程是：① 假设筋材的一个最大挠度值；② 利用式（1-1）计算筋材的应变；③ 利用式（1-2）计算筋材的拉力；④ 利用计算的拉力和实验得出的筋材的拉力-应变曲线来计算应变；⑤ 调整最大的挠度值，再重复以上的步骤直至达到收敛，即第②步和第④步计算的应变相差不大。

2. Carlsson 法

Carlsson[61] 提出了一个简单的公式来计算二维平面内筋材的最大挠度：

$$\Delta S_r = \sqrt{\frac{3\varepsilon_r}{8}b_n} \qquad (1-3)$$

挠曲在筋材内产生的拉力可以用下式为：

$$T_r = \frac{\gamma b_n^3}{32\Delta S_r \tan 15°}\sqrt{1 + \frac{16\Delta S_r^2}{b_n^2}} \qquad (1-4)$$

式中，各符号意义同前。

瑞典 Rogbeck 等考虑三维效应提出了三维修正因子：

$$f_{3D} = 1 + \frac{b_n}{2a} \qquad (1-5)$$

式中，a 为桩帽的宽度。

将式（1-5）和式（1-4）相乘就可得到三维效应的筋材的拉力。

3. 英国 BS8605 法

英国 BS8605 标准提出了计算桩帽间筋材拉力的方法[62]，公式如下：

$$T_r = \frac{\rho(\gamma H + q)(b-a)}{2a}\sqrt{1+\frac{1}{6\varepsilon_r}} \qquad (1-6)$$

式中,q 为路堤表面的均布荷载;ρ 为土拱率;b 为桩帽中心之间的间距。

Russell 和 Pierpoint 考虑三维效应修正了式(1-6)得到:

$$T_r = \frac{\rho(\gamma H + q)(b^2 - a^2)}{4a}\sqrt{1+\frac{1}{6\varepsilon_r}} \qquad (1-7)$$

对于一般的工程,英国 BS8605 法推荐筋材的初始拉伸应变不超过 6%,而且对于低路堤的限制更小,以防止路堤表面的不均匀沉降。此外,该标准提出,在设计寿命内最大的蠕变应变为 2%。

4. SINTEF 法

SvanØ 等[63]在 SINTEF 提出,筋材在桩帽上的延伸应该计入筋材的应变之中,并提出公式:

$$\varepsilon_r^l = \varepsilon_r\left(1 + \alpha_T\frac{a}{b_n}\right) \qquad (1-8)$$

式中,ε_r^l 为筋材的修正应变;ε_r 为考虑桩帽的净间距之间一个自由跨度上筋材的应变;α_T 为拉伸率,定义为:

$$\alpha_T = \frac{T_{rc}}{T_r} \qquad (1-9)$$

式中,T_{rc} 为桩帽上筋材的平均拉力。

文献[57]通过数值分析发现,桩帽上筋材的拉力比自由跨度上筋材的拉力要大。文献[64]中没有提出确定 α_T 拉伸率的方法,但提出用下式来估计筋材的拉力:

$$T_r = \frac{\sigma_{sr}b}{2}\sqrt{1+\frac{1}{6\varepsilon_r^l}} \qquad (1-10)$$

通过以上方法,可以根据不同的情况选取不同的计算方法来确定筋材的受力而选择合适的筋材,这对指导设计与施工有着重要的意义。必须指出,以上方法均忽视了桩间地基土的支承作用。

1.5 主要研究内容及关键技术

1.5.1 主要研究内容

1. 软土地基高速公路拓宽工程路基路面变形及应力性状

(1) 软土地基高速公路拓宽工程的特点;

(2) 老路地基为天然地基时的工程性状;

(3) 老路地基为复合地基时的工程性状;

(4) 既有路面在拓宽工程中的损坏模式。

2. 软土地基高速公路拓宽工程桩承式加筋路堤的处治效果

(1) 桩承式加筋路堤的工作机理;

(2) 拓宽工程中桩承式加筋路堤的三维有限元模拟;

(3) 拓宽工程中桩承式加筋路堤系统的工程响应。

3. 桩承式加筋路堤设计参数的敏感性及设计优化

(1) 路基高度的影响;

(2) 路基横断面布桩方式的影响;

(3) 桩长的影响;

(4) 路基纵向桩间距的影响;

(5) 拓宽工程中桩承式加筋路堤优化设计的建议。

4. 软土地基高速公路拓宽工程的工程实践

(1) 试验路设计与实施;

(2) 试验路观测方案设计;

(3) 跟踪观测与效果评价。

1.5.2 关键技术

（1）软土地基路基拓宽工程的非线性有限元模型；

（2）拓宽工程中桩承式加筋路堤工作系统的三维有限元模拟；

（3）桩承式加筋路堤设计参数的敏感性分析。

1.6 技术路线与章节安排

本书技术路线及章节安排如图 1-13 所示。

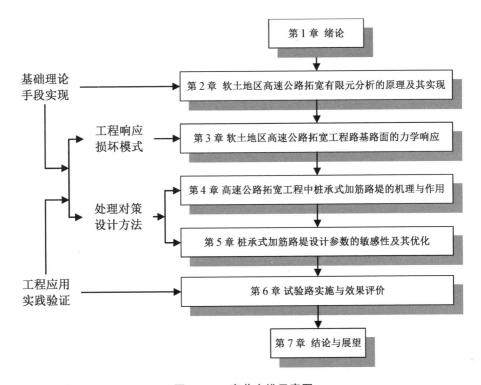

图 1-13 章节安排示意图

第 *2* 章

软土地区高速公路拓宽有限元分析的原理及其实现

软土地区高速公路拓宽工程中,由于拓宽荷载的自重作用,老路地基将产生二次沉降,从而使其工程性状有别于新建公路工程。而在有限元模拟和分析中,必须充分考虑这些特点,才能较为准确地把握工程中路基路面的力学响应及处理措施的实用效果。

因此,本章在明确工程特点的基础上,简要介绍论文分析所需的有限元基本原理[65-66],及其在美国 HKS(Hibbitt, Karlsson & Sorensen)公司开发的大型通用有限元程序 ABAQUS[67]中的实现方法,作为后续各章节分析的理论基础。

2.1 软土地区高速公路拓宽工程的特点

2.1.1 地基软弱

软土是指淤泥、淤泥质黏土、淤泥质亚黏土及少数淤泥混砂土。淤泥及淤泥质土一般是第四纪后期在滨海、湖泊、河滩、三角洲、冰碛等地质沉积环境下形成的。这类土的物理特性大部分是饱和的,含有机质,天然含水量大于液限,孔隙比大于1。当天然孔隙比大于1.5时称淤泥;天然孔隙比大于1而小于1.5时称为淤泥质土。这类土广泛分布于我国东南沿海地区和内陆江河湖泊的周围。

软土地区地基土的工程特性如下:

(1) 含水量高,孔隙比较大。因为软土的成分主要是由黏土粒组和粉土粒组组成,并含少量的有机质。黏粒的矿物成分为蒙脱石、高岭石和伊利石。这些矿物晶粒很细,呈薄片状,表面带负电荷,它与周围介质的水和阳离子相互作用,形成偶极水分子,并吸附于表面形成水膜。在不同的地质环境下沉积形成各种絮状结构。因此,这类土的含水量和孔隙比都比较高。根据统计,一般含水量为 $35\%\sim80\%$,孔隙比为 $1\sim2$。含水量愈大,土的抗剪强度愈小,压缩性愈大。

(2) 抗剪强度低。根据土工实验结果,我国软土的天然不排水抗剪强度一般小于 20 kPa,其变化范围在 $5\sim25$ kPa。有效应力内摩擦角 $\phi=20°\sim35°$,固结不排水剪内摩擦角 $\phi_{cu}=12°\sim17°$。在荷载作用下,如果能够排水固结,软土的强度将产生显著变化,土层的固结速率愈快,软土的强度增加愈大。

(3) 压缩性较高。土的压缩性可以用土的压缩指标 a_{1-2} 来表征: $a_{1-2}<0.1$ MPa^{-1} 为低压缩性土; 0.1 MPa$^{-1}\leqslant a_{1-2}\leqslant0.5$ MPa^{-1} 为中等压缩性土; $a_{1-2}>0.5$ MPa^{-1} 为高压缩性土。一般正常固结的软土层的压缩系数为 $0.5\sim1.5$ MPa^{-1},最大可达 4.5 MPa^{-1}。

(4) 渗透性很小。软土的渗透系数一般为 $1\times10^{-6}\sim1\times10^{-8}$ cm/s,在荷载作用下固结速度很慢。若软土层的厚度超过 10 m,要使土层达到较大的固结度(如 $U=90\%$)往往需要 $5\sim10$ 年之久。

(5) 具有触变特征。软土一般为絮状结构,尤以海相黏土更为明显。这种土一旦受到扰动(振动、搅拌、挤压),土的强度显著降低,甚至呈流动状态。土的结构特性常用灵敏度 S_t 表示。我国沿海软土的灵敏度一般为 $4\sim10$,属于高灵敏度土。

（6）具有明显的流变性。在荷载作用下，软土承受剪应力的作用产生缓慢的剪切变形，并可能导致抗剪强度的衰减，在主固结沉降完毕之后还可能继续产生可观的次固结沉降。

（7）不均匀性。由于沉积环境的变化，黏性土层中常局部夹有厚薄不等的粉土(砂)，或者局部地区存在河流、暗浜，使软土层水平和竖向分布有所差异，作为地基则易产生差异沉降。

2.1.2　新老路基产生不协调变形

老路基和拓宽路基的填筑历史不同，拓宽路基可在老路基和地基内产生附加应力(图 2-1)，从而导致地基的二次沉降，继而形成新老路基顶面的不协调变形。在软土地区，由于地基软弱，沉降量较大，这一现象尤为突出。

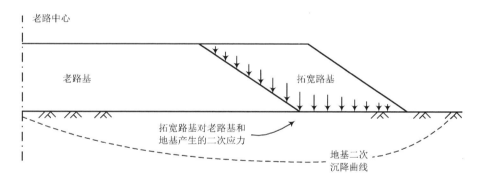

图 2-1　拓宽路基形成的二次应力及沉降示意

路基-路面结构是一个整体。路基的主要功能是为路面结构提供支撑平台，而路基顶面的不均匀变形则会对路面结构的结构性能或服务性能产生影响。我国目前高速公路路面结构体系多采用半刚性基层，对路基顶面的不均匀变形极为敏感。

现有诸多工程调查[34]和理论研究[82]均表明，路面开裂是公路拓宽工程主要的工程病害，而新老路基不协调变形则是其最主要的原因。因此，掌握拓宽路基不协调变形性状及其对路面结构的影响，并从路面的结构性能和服务性能的需求确定不协调变形的控制标准,是保障公路拓宽设计安全、合理的基础。

2.1.3 施工沉降对老路结构影响显著

就新建公路而言,对路面结构产生影响的变形主要是路面结构铺筑以后所产生的工后变形。因此,软土地基上高速公路一般路段的地基处理大多以提高稳定性和减小路基工后不均匀变形为目标。

而在路基拓宽工程中,只要既有基层的结构强度尚可,一般仍作为拓宽后整体路面的主要承力层之一。高速公路拓宽工程中路面跟随路基变形的历时过程如图 2-2 所示。可见,对于老路路面结构,影响其结构性能的路基变形不仅包括拓宽公路引起的工后沉降,还包括既有路面结构在运营过程中产生的工后沉降和拓宽路基施工产生的瞬时沉降。

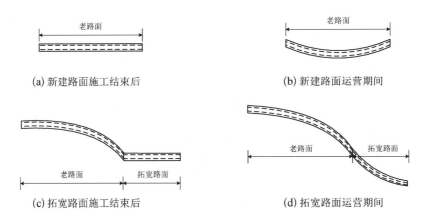

(a) 新建路面施工结束后　　　　　　　(b) 新建路面运营期间

(c) 拓宽路面施工结束后　　　　　　　(d) 拓宽路面运营期间

图 2-2　高速公路拓宽工程中路面跟随路基变形的历时过程

另外,高速公路拓宽工程中老路一直承担交通荷载,拓宽公路引起的瞬时沉降必然会对老路面服务性能产生不利影响,严重时甚至影响交通的正常运营。

2.1.4 地基处理要求高

由于上述工程特点,软土地区高速公路拓宽工程对地基处理的要求较高:

（1）为避免拓宽荷载引起既有道路产生过量附加沉降，以及可能导致的新老路面拼接缝及错台，要求地基处理能显著减小二次沉降及由此引起的路面附加应力。

（2）由于是在既有道路边缘施工，为了尽可能减少施工对道路交通的影响，要求拓宽工程施工速度快、工期短。

然而，大多数地基处理方法都会对老路基产生较大的扰动和影响，尤其是堆载（或超载）预压、强夯等。相对而言，各种复合地基，包括挤密砂桩、碎石桩、石灰桩、粉喷桩、水泥搅拌桩等，主要是通过竖向增强体来提高拓宽路基部分地基的承载力和压缩模量，施工过程中对老路基地基的影响较小，因此，对路基拓宽工程比较适用[122]。

因此，为准确把握软土地区高速公路拓宽工程中路基路面的工程响应，在进行有限元模拟时，必须：

（1）针对软土地区的土质特点，选取合理的材料模型；

（2）根据新老路基不同的修筑历史和填筑过程，应用土体固结理论，反映不同时段地基、路基及路面的工程响应；

（3）地基处理中，竖向增强体和岩土材料变形特性差异较大，在界面两侧常存在较大的剪应力并发生错动、滑移或张开等位移不连续现象，应采用接触模拟的方法模拟这些物理现象。

2.2　土体非线性本构模型

2.2.1　Mohr-Columb 模型

2.2.1.1　Mohr-Columb 模型的基本概念

Mohr-Coulomb 模型的弹性阶段必须是线性的、各项同性的，其屈服函数为：

$$F = R_{mc}q - p\tan\phi - c = 0 \qquad (2-1)$$

式中，$R_{mc}(\Theta,\phi)$为 π 平面上屈服面形状的一个度量。

$$R{mc} = \frac{1}{\sqrt{3}\cos\phi}\sin\left(\Theta+\frac{\pi}{3}\right)+\frac{1}{3}\cos\left(\Theta+\frac{\pi}{3}\right)\tan\phi \qquad (2-2)$$

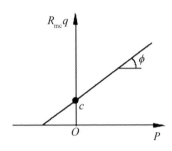

图 2-3 在子午线平面的屈服面

式中，ϕ 是 $R_{mc}q$-p 平面上 Mohr-Coulomb 屈服面的倾斜角，称为材料的摩擦角（图 2-3）；c 是材料的黏聚系数；Θ 是极偏角，定义为 $\cos(3\Theta)=\frac{r^3}{q^3}$，$r$ 是第三偏应力不变量 J_3。

在 Mohr-Coulomb 模型中，实质上假定了由黏聚系数来确定其硬化，其硬化是各项同性的。

传统的 Mohr-Coulomb 模型的屈服面存在的尖顶导致塑性流动方向不唯一，导致数值计算的烦琐和收敛缓慢。为了避免这些问题，ABAQUS 提供的 Mohr-Coulomb 模型选取连续光滑的流动势函数（Menerey Phetc，1995），如式（2-1），其形状在子午面上是双曲线，在 π 平面上是椭圆，如图 2-4 所示。

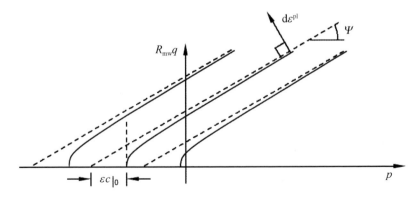

图 2-4 Mohr-Coulomb 模型在子午线平面的塑性流动势

$$G = \sqrt{(\varepsilon c\,|_0 \tan\psi)^2 + (R_{\mathrm{mw}} q)^2} - p\tan\psi \qquad (2-3)$$

式中，$c|_0$ 为材料的初始黏聚力；ψ 为膨胀角；ε 为子午线的偏心率，它控制了 G 的性状变化，实际上 ε 定义了塑性势 G 逼进渐近线的变化率；Rmw (Θ, e, ϕ) 是控制塑性势 G 在 π 平面上性状的参数：

$$R_{\mathrm{mw}} = \frac{4(1-e^2)(\cos\Theta)^2 + (2e-1)^2}{2(1-e^2)\cos\Theta + (2e-1)\sqrt{4(1-e^2)(\cos\Theta)^2 + 5e^2 - 4e}} R_{\mathrm{mc}}\left(\frac{\pi}{3}, \phi\right)$$

$$(2-4)$$

偏心率 e 描述了介于拉力子午线（$\Theta=0$）和压力子午线（$\Theta=\pi/3$）之间的情况，要求 $0.5 < e < 1.0$，其默认值为：

$$e = \frac{3 - \sin\phi}{3 + \sin\phi} \qquad (2-5)$$

2.2.1.2　Mohr-Columb 模型在 ABAQUS 中的实现及参数获取

由上所述，ABAQUS 提供的 Mohr-Coulomb 模型采用黏聚力 c 来表征其硬化，其采用的塑性流动法则为非关联的，必须采用非对称求解器；且其采用的是光滑塑性流动势面，它不同于经典的相关联的 Mohr-Coulomb 准则的流动势面（由若干个平面形成的折面组成）。

计算分析中，该模型共需 7 个计算参数，包括：

（1）弹性参数：弹性模量 E，泊松比 μ。

（2）塑性参数：摩擦角 ϕ，膨胀角 ψ，偏心率 e（默认值由式（2-5）计算自动获得），子午线偏心率（默认值为 0.1）。

（3）硬化参数：黏聚力 c。

因此，最少需要 E, μ, ϕ, ψ, c 这 4 个材料计算参数。

2.2.2　剑桥模型

剑桥模型是由英国剑桥大学罗斯科（K. H. Roscoe）、布兰德（J. B.

Burland)教授等于1958—1963 年间根据正常固结黏土和弱超固结黏土的三轴试验结果,而建立的弹塑性应力-应变关系模型。由于最初它是针对流经剑桥大学附近的 Cam 河的一种黏土而提出的,因此也简称 Cam 模型。它最初只适用于正常固结和弱的超固结(超固结比小于 8)黏土,后来也推广应用于严重超固结黏土、砂土和一些岩石类材料。Cam 模型属于等向硬化的弹塑性模型。在众多的岩土弹塑性模型中提出较早,发展也比较完善,故得到广泛地应用。最初提出的 Cam 模型的加载面(或屈服面)为弹头型的,后来修改为椭圆形,称为修正的剑桥模型。

2.2.2.1 剑桥模型的基本概念

在 p-q-e 空间,三轴固结排水或不排水试验路径沿正常固结曲线随固结压力 p_0 变化而运动的轨迹构成的空间曲面,就称为状态边界面(Roscoe 面),简称 SBS 面(State Boundary Surface)。图 2-5 中 $ACEF$ 就是状态边界面的一部分,AC 线是在 $\sigma_1 = \sigma_2 = \sigma_3$(即 $q=0$)时的 e-p 曲线,即为原始三向等压力固结线,简称为 VICL 线;而 EF 线是 q 为最大值各点的连线,称为临界状态线,简称为 CSL 线,它在 p-q 平面上的投影是通过原点的一条直线:$q = Mp$;EF 线在 e-p 曲线上的投影为 $e = e_a - \lambda \ln p$,而 AC 和 EF 之间为一系列的不同应力比的曲线,将这些曲线绘制在 e-$\ln p$ 平面上,就构成了斜率均为 λ 的直线。同理,当正常固结压缩状态卸荷时,可得到不同应力比的回弹曲线,膨胀曲线在 e-$\ln p$ 平面上的投影时一系列的斜率为 κ 的平行直线。从正常压缩状态卸荷,状态边界面为与 q 无关的铅直面,称为弹性墙,弹性墙与状态面有一交线,该交线在 p-q 平面上的投影曲线称为屈服轨迹,其方程为屈服函数。

临界状态线就是破坏点在 p-q-e 空间运动轨迹的连线。因此,对正常固结或弱超固结黏土及松砂来说,破坏面就是临界状态线与它在 p-q 平面的投影(抗剪强度线)所构成的平面。应力状态点一旦落到破

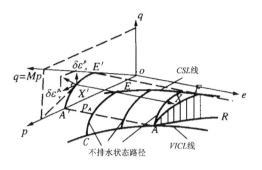

图 2-5　p-q-e 空间临界状态线　　　　图 2-6　归一化状态边界面

坏面上,就意味着该点已产生破坏。而对于具有应变软化性质的严重超固结黏土,密实砂土及坚硬的岩石材料来说,其破坏点一般在临界状态线以上的应力峰值点,强度峰值点在 p-q-e 空间构成的平面就称为这类具有应变软化性质材料的破坏面。因为这类材料的抗剪强度线又称作Hvorslev 线,故又称 Hvorslev 破坏面。对于黏性土类来说,由于它不能承受拉力,当 $\sigma_3 = 0$ 时其强度 $q = \sigma_3 = 2c$,故其 $p = \dfrac{1}{3}\sigma_3 = \dfrac{2}{3}c$。因此 Hvorslev 面在 p-q-e 空间不能在 e 轴与 q 轴相交,而是与 q-e 平面呈 1:3 的倾角。该面称为无拉力墙。应力在该墙内,材料处于弹性状态。达到墙顶即 Hvorslev 面上时,材料发生单向压缩破坏。显然,按照破坏面或 Hvorslev 面的定义,应力状态点也不可能超越破坏面,因此破坏面也是一种状态边界面。在 p-q-e 空间,由无拉力墙、Hvorslev 面和 Roscoe 面构成了完整的状态边界面。如果将 Hvorslev 面和 Roscoe 面在 p-q 面上归一化,绘在 p/p_c-q/p_c 平面上,则无拉力墙、Hvorslev 面和 Roscoe 面就构成了以 p/p_c 轴为底的封闭曲线,它们构成了完整的归一化状态边界面,如图 2-6 所示。

剑桥模型的状态边界面,破坏面也可表示在主应力空间,是一个以原点为顶点,以静水压力线为中心的六边锥面;屈服面是一个半椭球面,它好像一顶"帽子"扣在破坏锥体的开口端,随着硬化,椭球形的"帽子"不断扩大。当单元的应力位于屈服或破坏面以内时,材料处于弹性状态,材料的应力状态永远不会超出屈服面和破坏面,屈服面和破坏面的交线为临界状态点的轨迹。因此带帽的六边锥体是另一种形式的状态边界面。具有这种帽子形屈服面的模型一般称为帽子模型。剑桥模型是帽子模型的一种。

2.2.2.2 修正剑桥模型在 ABAQUS 中的实现及参数获取

ABAQUS 程序所采用的修正剑桥模型,适用范围较 Cambridge Soil Mechanics Group 提出的传统的修正剑桥模型更为广泛,其屈服面方程为:

$$\frac{1}{\beta^2}\left(\frac{p}{a}-1\right)^2+\left(\frac{t}{Ma}\right)^2-1=0 \tag{2-6}$$

式中,M 为 CSL 线的斜率,即为土体破坏时平均剪应力与平均应力之比值:

$$M=\frac{6\sin\varphi'}{3-\sin\varphi'} \tag{2-7}$$

a 为控制屈服面大小的硬化参数,a 的变化表征了材料的硬化或软化;

β 是用来修正硬化区屈服函数形状的常量,是硬化区屈服面在子午线平面上的投影,即 p-q 平面上的椭圆曲线的曲率不同于软化区曲线曲率;在软化区,$\beta=1.0$(图 2-7)。

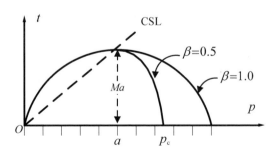

图 2-7 p-t 面上的屈服面

可见,该模型同黄文熙[68]提出的临界状态模型相同。当 $K=1.0$,$\beta=1.0$ 时,该模型则与修正剑桥模型一致。

对于 a_0,可以通过下式计算获得：

$$a_0 = \frac{1}{2}\exp\left(\frac{e_1-e_0-\kappa\ln p_0}{\lambda-\kappa}\right) \tag{2-8}$$

式中,e_0 为初始孔隙比;p_0 为初始静水压力;e_1 为初始固结线在 $\ln p$ 上的截距。

必须注意的是,e_1 和 e_{cs} 不同,但存在如下关系,如图 2-8 所示：

$$e_1 = e_{cs} + (\lambda-\kappa)\ln(2) \tag{2-9}$$

因此,剑桥模型共需 5 个计算参数：回弹指数 κ,压缩指数 λ,土体破坏时平均剪应力与平均应力之比值 M(或 ϕ'),泊松比 μ,硬化参数 a_0(或 e_1 或 e_{cs})。

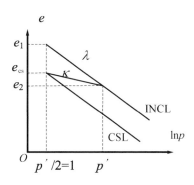

图 2-8　e_1 和 e_{cs} 的关系

这些参数可以通过以下试验获得[70]：

(1)静水压力试验：确定弹性体积模量系数、屈服应力、土体的初始和再压缩率。

(2)剪切盒试验：确定土体的临界状态线和体积模量,然而,该试验必须靠一定的数值模拟来进行校正。

(3)三轴剪切试验：可以避免以上两个试验而获得以上的参数,目前应用最广泛。

修正剑桥模型 5 个参数反映了某一特定的土性,它们是相互关联的,如果不考虑试验误差的存在,其中某一参数的改变也必然影响其他参数。另外,黏性土有一个重要指标是塑性指数 I_p,它在数值上等于液限和塑限的差值,I_p 的大小与土体颗粒组成、矿物成分、以及土中水的离子成分和浓度有关,在一定程度上反映了黏性土物理和力学特性的各种重要因素。因此,不少研究者通过试验研究、发掘土性参数与塑性指数的相关关系,为模型参数的取值提供了更为简捷并具有一定可靠度的途径。

Schofield 和 Wroth 的极限状态土力学理论[71]提到了 I_p 和土的压缩性存在线性关系:

$$\lambda = 0.005\ 85I_p \qquad (2-10)$$

并根据表 2-1 所列不同土质的土质参数,通过图 2-9 推出:

$$\Gamma \cong v_\Omega + \lambda\ln 1\ 500 = 1.25 + 7.3\lambda \cong 1.25 + 0.042\ 7I_p \quad (2-11)$$

表 2-1　不同土质的修正剑桥模型参数

土样	Klein Belt Ton	Wiener Tegel	London clay	Weald clay	Kaolin
λ	0.356	0.122	0.161	0.093	0.26
Γ^*	3.990	2.130	2.448	1.880	3.265
M	0.845	1.01	0.888	0.95	1.02
φ'	21.75	25.75	22.5	24.25	26
κ	0.184	0.026	0.062	0.035	0.05
I_p	91	25	52	25	32
数据来源	Hvorslev		Parry		Loudon

*注:Γ 为 $\ln p=0$ 时 CSL 线上的比容,$\Gamma=e_{cs}+1$;表中所列 Γ 是 p 单位为 lb/in^2 时所得,当采用国际单位制(Pa)进行计算时,取值应进行单位换算。

Akio Nakase 和 Takeshi Kamei[72]对日本川崎黏土做了一系列固结仪试验和三轴试验,对试验数据进行统计回归后得出如下线性关系式:

$$\lambda = 0.02 + 0.004\ 5I_p \quad (R^2 = 0.98) \qquad (2-12)$$

$$\kappa = 0.000\ 84(I_p - 4.6) \quad (R^2 = 0.94) \qquad (2-13)$$

陈建峰等[73]以上海地区软土为研究对象,回归得到了修正剑桥模型的

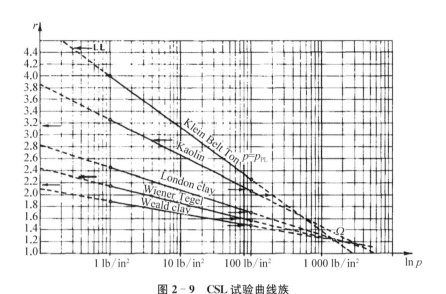

图 2 - 9　CSL 试验曲线族

压缩指数、回弹指数和有效内摩擦角与塑性指数之间的相关关系如下：

$$\lambda = 0.016\,5I_\text{p} - 0.130\,9 \quad (R^2 = 0.96) \tag{2-14}$$

$$\kappa = 0.003I_\text{p} - 0.033\,6 \quad (R^2 = 0.98) \tag{2-15}$$

$$\varphi' = -1.402\,2I_\text{p} + 51.681 \quad (R^2 = 0.92) \tag{2-16}$$

　　陈建峰等[73]归纳的压缩指数和回弹指数的回归公式表面上看与前述得出的回归公式数值上相差 3 倍之多，其实是由于中国和国外的土工试验室在测定黏性土液限时所使用的仪器不同造成的，日本采用碟式液限仪来测定黏性土的液限；而中国目前一般采用锥式液限仪来测定黏性土的液限。近 20 年来，国内外许多试验研究单位曾用这两种仪器进行比较，发现随着液限的增加，两种仪器测得的差值增大，碟式液限仪测得的值一般大于圆锥仪测得的值。因此得到的塑性指数是日本的高，中国的低。像上海第 4 层很软的淤泥质黏土，I_p 最大一般也不会超过 26，而日本黏土也能达到 50 以上，表 2 - 1 所列各类黏土也均大于 25。

因此,考虑我国土工试验方法的现状及现场土质勘探报告中 I_p 的易获取性,本文中修正剑桥模型的计算参数多为根据式(2-14)—式(2-16)获取的估计值。

2.3 材料非线性的有限元求解

岩土材料的模量具有应力依赖性,即其弹性矩阵 $[D]$ 不是常量,而是应力的函数,其有限元求解方程是非线性的,不能直接求解,而必须通过一系列线性求解的尝试和迭代才能得到问题的解答。常用的材料非线性问题的有限元求解方法包括以下几种方法。

2.3.1 刚度迭代法

2.3.1.1 割线刚度迭代法

该法又称直接迭代法,其将荷载一次性全部施加于结构,并通过一系列割线来修正弹性常数和总刚矩阵,从而逐步逼近真实解,如图 2-10(a)所示。

2.3.1.2 切线刚度迭代法

该法又称 N-R(Newton-Raphson)迭代法,其将荷载余量反复施加于结构,并通过一系列切线来修正弹性常数和总刚矩阵,从而逐步逼近真实解,如图 2-10(b)所示。

2.3.1.3 等刚度迭代法

前述两种变刚度迭代法,每一步都要重新计算总刚矩阵,并解算一次线性方程组,当结构很大、单元很多时,计算成本将会很高。为此,对 N-R

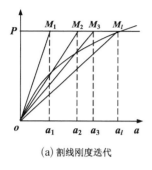
(a) 割线刚度迭代

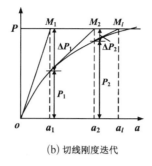
(b) 切线刚度迭代

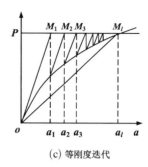
(c) 等刚度迭代

图 2‑10　刚度迭代法

迭代法进行修正,提出了所谓的等刚度迭代法。其求解过程与 N‑R 法相同,只不过是在计算中保持初始总刚矩阵不变,如图 2‑10(c)所示。

　　虽然等刚度迭代法增加了迭代的次数,致使收敛速度减慢,但是,由于其采用相同的刚度矩阵,从而使得每次迭代的时间比变刚度迭代法显著减少,所以,一般情况下,采用等刚度迭代法达到同等精度的计算时间可短些。在实际应用中,往往兼用变刚度迭代法和等刚度迭代法,即在收敛速度很慢时变化一次刚度,然后保持此刚度进行迭代。这样可在变化刚度次数不多的情况下得到较快的收敛速度。

2.3.1.4　收敛标准

　　为了中止迭代过程,必须确定一个收敛标准。实际应用中,常用不平衡结点力或位移增量作为判别收敛的指标。但结构的结点力与结点位移都是由许多量构成的列阵,故不能按"数"的概念去比较大小。在此,定义一个列阵 $\{V\}$ 的模 $\|V\|$,或称之为范数,以作为比较对象。

　　令 $\{V\} = \{v_1, v_2, \cdots, v_4\}^T$,则该列阵的三个范数为:① 各元素绝对值之和 $\|V\|_1 = \sum_{i=1}^{n} |v_i|$;② 各元素平方和的平方根 $\|V\|_2 = (\sum_{i=1}^{n} |v_i^2|)$;③ 元素中绝对值最大者 $\|V\|_\infty = \max |v_i|$ 。应用中可任选其中的一种。

　　若取不平衡结点力作为衡量收敛的指标,则迭代收敛标准为:

$$\| P_{\text{res}} \| \leqslant \alpha \| P \| \qquad (2-17)$$

式中，$\| P_{\text{res}} \|$ 为残余结点力列阵的范数；$\| P \|$ 为施加荷载(已化为结点荷载)列阵的范数；α 为一预先指定的小数，称为收敛允许值。

若取结点位移增量作为衡量收敛的指标，则迭代收敛标准为：

$$\| \Delta a_l \| \leqslant \alpha \| a_l \| \qquad (2-18)$$

式中，$\| a_l \|$ 为某级荷载作用下经 l 次迭代后的结点位移列阵范数，$\| \Delta a_l \|$ 为同级荷载作用下，第 l 次迭代时附加结点位移增量列阵的范数，即 $\| \Delta a_l \| = \| a_l - a_{l-1} \|$。

有时，为了兼顾荷载与位移两者的收敛情况，也可采用综合的收敛指标：

$$\left(\frac{\Delta P_l}{P_l} \right) \cdot \left(\frac{\Delta a_l}{a_l} \right) \leqslant \alpha \qquad (2-19)$$

收敛允许值 α 的取值要根据结构计算要求的精度来确定，有时还要和试验所能达到的精度相适应。通常建议取 $\alpha = 10^{-4} \sim 10^{-6}$。

2.3.2 荷载增量法

增量法是将全部荷载分为若干级微小增量，逐级用有限元进行计算。对于每一级荷载增量，在计算时假定材料性质不变，作线性计算，解得相应的位移、应变及应力增量。而各级荷载之间，材料性质变化，即刚度矩阵变化，反映了非线性的应力-应变关系。这种方法用一系列线性问题去逼近非线性问题，实质上是用分段直线去代替非线性曲线。

假设将荷载 $\{P\}$ 分成 m 级增量，则第 i 级荷载增量下的平衡方程为：

$$[\Delta K_z]\{\Delta a_i\} = \{\Delta P_i\} \quad (i = 1, 2, \cdots, m) \qquad (2-20)$$

式中，$\{\Delta P_i\}$ 为第 i 级荷载增量；$\{\Delta a_i\}$ 为相应的位移增量；$[K_z]$ 为本级计算

所采用的总刚矩阵,根据$[\boldsymbol{K}_z]$的不同取用方法,可将荷载增量法分为以下三种。

2.3.2.1　始点增量法

在第 i 级计算中,采用由前级荷载增量$\{\Delta P_{i-1}\}$作用终了时的应变$\{\varepsilon_{i-1}\}$或应力$\{\sigma_{i-1}\}$所确定的切线弹性矩阵$[\boldsymbol{D}_{i-1}]$来计算$[\boldsymbol{K}_z]$,即$[\boldsymbol{K}_z]=[\boldsymbol{K}_{i-1}]$,如图 2-11(a)中的线 1 所示。

2.3.2.2　平均增量法

在第 i 级计算中,先采用由前级荷载增量$\{\Delta P_{i-1}\}$作用终了时的应变$\{\varepsilon_{i-1}\}$或应力$\{\sigma_{i-1}\}$所确定的切线总刚矩阵$[\boldsymbol{K}_{i-1}]$试算一次,得到本级荷载作用下的临时应变$\{\varepsilon'_i\}$或应力$\{\sigma'_i\}$,再取$\{\varepsilon_{i-1}\}$与$\{\varepsilon'_i\}$的平均值或$\{\sigma_{i-1}\}$与$\{\sigma'_i\}$的平均值来确定$[\boldsymbol{K}_z]$,即$[\boldsymbol{K}_z]=([\boldsymbol{K}_{i-1}]+[\boldsymbol{K}'_i])/2$。

2.3.2.3　中点增量法

平均增量法虽然显著改善了始点增量法的计算精度,但要存储两套刚度矩阵,会占用较多计算机内存资源。为此,可改用中点增量法(也称中点龙格-库塔法)。即在第 i 级计算中,先施加本级荷载增量的一半$\{\Delta P_i\}/2$,并令$[\boldsymbol{K}_z]=[\boldsymbol{K}_{i-1}]$,从而得到相应的应变$\{\varepsilon_{i-1/2}\}$或$\{\sigma_{i-1/2}\}$,再在此基础上重新确定$[\boldsymbol{K}_z]=[\boldsymbol{K}_{i-1/2}]$,如图 2-11(a)中的线 2 所示。

在图 2-11(a)中,$\{a_i\}$是用刚度矩阵$[\boldsymbol{K}_{i-1/2}]$根据中点增量法计算得到的位移值,而$\{a'_i\}$是用刚度矩阵$[\boldsymbol{K}_{i-1}]$根据始点增量法计算得到的位移值,显然$\{a_i\}$的精度高于$\{a'_i\}$。图 2-11(a)还表明,即使将第 i 级荷载增量分成两级,使用两次始点增量法得到的位移$\{a''_i\}$,虽比一次始点增量法得到的位移$\{a'_i\}$精度高,但仍无法达到中点增量法所得位移$\{a_i\}$的精度,尽管同样按刚度矩阵$[K_{i-1/2}]$计算,且两者的工作量基本相同。

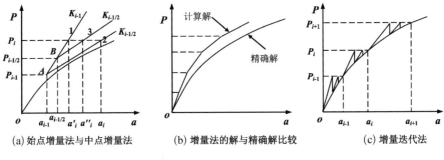

(a) 始点增量法与中点增量法　　　(b) 增量法的解与精确解比较　　　(c) 增量迭代法

图 2 - 11　荷载增量法

2.3.3　增量迭代法

增量法的优点是其具有普遍适用性,除了加工软化材料外,它几乎能够用于一切类型的非线性性态,而且这种方法能够全面地描述荷载-位移整个过程的变化情况,故当材料性态与加载路径相关时,其最为适用。但是,增量法在每一步计算中都需要重新形成总刚矩阵,通常会耗费较多的计算时间,而且事先很难知道荷载增量应取多大,也难以判断解答偏离真实解的程度。如图 2 - 11(b)所示,由于增量法采用分段线性化,使得后一级增量计算是在前一级已产生误差的解的基础上进行的。当增量级数少、每级荷载增量大时,误差累积会使计算解的分段折线偏离精确解较远。

与增量法相比,迭代法在使用上较容易,计算工作量相对较小,计算精度也能加以控制,对于只需要分析全量荷载作用下的结构响应是比较适合的。但这种方法的收敛性无法保证,不能用于动态问题和性态与加载路径有关的材料,所得到的位移、应力和应变仅是对总荷载而言的,不能描述加载过程中的性态,而且,当刚度矩阵不能表示为位移的显式时,该法也不能应用。

因此,将上述两种方法的优点综合起来,就形成了增量迭代法。增量迭代法将荷载分成若干等级,但荷载分级数较增量法大为减少。在每一级增量荷载作用下,又进行迭代计算,使得每一级增量中的计算误差可控制在很小的范围内,如图 2-11(c)所示。

ABAQUS 所采用的非线性有限元求解方法就是基于荷载增量步的 N-R 迭代法。对于每一级荷载增量步,当位移修正值小于总的位移增量的 1%,且迭代残差力小于整个时间段上作用于结构的平均力的 0.5%,即认为该荷载增量下的解是收敛的。在 ABAQUS 中,程序能够自动调整荷载增量步的大小。对于一个荷载增量步,如果经过 16 次迭代仍不能收敛,程序会放弃当前增量步,并将增量步的值变为原来的 25%。在中止分析前,程序默认允许最多 5 次减小增量步的值。反之,如果连续两个增量步都只需要少于 5 次的迭代就可以收敛,那么,程序会自动将增量步的值提高 50%。

2.4　接触的有限元模拟

2.4.1　接触面单元模型

当桩、土材料变形特性差异较大时,在界面两侧常存在较大的剪应力并发生错动、滑移或张开等位移不连续现象,为了模拟这些物理现象,在有限元法中,通常的做法是在两者之间设置接触面单元[74]。目前,常用的有以 Goodman 单元[75]为代表的无厚度类型的接触面单元,以 Desai[76-77]薄层单元为代表的有厚度类型的接触面单元,由 Katona[78]最初提出的接触摩擦单元等。以下逐一简单介绍。

2.4.1.1　Goodman 单元

无厚度 Goodman 界面元的主要思想可归纳为两点:一是无厚度的单元模型,一是特殊形式的单元应变定义以及与之相应的单元应力-应变本构假设。

首先,为了模拟接触界面上的位移不连续性,Goodman 等在 4 结点矩形单元的基础上,去掉单元沿接触面法向的厚度值,使单元退化为两段接触的线元;同时单元的位移模式也降阶为仅沿接触面切向,分别在上下接触线元上的插值形式。单元的数值模型实质上即是两对"点号双编"的点偶。

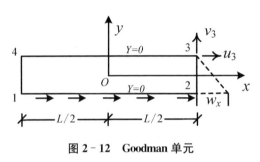

图 2 - 12　Goodman 单元

图 2-12 所示为其单元模型,由两片长度为 L 的接触面 12 和 34 组成。假定两片接触面之间是由微小的弹簧所连接。在受力前两接触面完全吻合,即单元没有厚度只有长度。接触面单元与相邻接触面单元或二维单元之间,只有在结点处有力的联系。每片接触面两端有 2 个结点,一个单元共 4 个结点,如图中的 1,2,3,4。

其次,与上述数值模型相适应,界面单元的应变场,根据两段线元之间可能的相对变位,直观地定义成上下接触面间的位移差。从而单元的本构关系进一步直截了当地定义为:

$$\begin{Bmatrix} \tau \\ \sigma \end{Bmatrix} = \begin{bmatrix} \kappa_s & 0 \\ 0 & \kappa_n \end{bmatrix} \begin{Bmatrix} \Delta u \\ \Delta v \end{Bmatrix} \qquad (2-21)$$

式中,κ_s,κ_n 分别为界面元的切向和法向刚度系数,κ_n 的取值有很大的经验成分,并且在接触迭代求解中根据分离和嵌入的状态还有很大的人为任意性;而 κ_s 则由两接触面间的直剪试验确定。$\Delta u(\Delta v)$ 为接触面间的切向(法向)位移差,$\tau(\sigma)$ 分别为单元的切向(法向)的应力分量。

无厚度 Goodman 界面元无论是从单元的数值模型,还是从单元的本构假设等方面来看,都是对界面接触行为的最简单、最直接的描述,因此物理意义明确、概念简单。但不足之处是,接触迭代求解过程中数值病态问题严重,这与 k_n 的取值方法有关,因为首先 k_n 的初始取值就没有明确的物理依据,其次在非线性迭代分析过程中一旦出现接触截面的相互嵌入时就要赋一个大值,而当接触截面出现相互分离时又要赋一个小值;此外无厚度 Goodman 界面单元由于实质上就是有限元网格中一类点号双编的接触点偶,且该单元的"应变场"即是这些接触点偶的相对位移场,无闭合的变位,所以只能模拟开裂和滑移两种接触状态,无法模拟接触面的闭合状态。

2.4.1.2　薄层界面单元

Desai 薄层界面元的研究工作主要在于单元的应变-位移几何关系假设以及本构行为的模拟上。该种界面元实际上就是在一般的连续体单元数值模型基础上,要求单元的几何性状满足 $0.01 < t/B < 0.1$(t 为薄层界面元的厚度,B 则为单元长度),并且定义单元应变-位移几何关系为[76-77]:

$$\{\varepsilon\} = \{\varepsilon_n, \varepsilon_s\}^T = \left\{\frac{v}{t}, \frac{u}{t}\right\}^T \qquad (2-22)$$

式中,ε_n,ε_s 分别为界面单元内部法向和切向应变;v,u 分别为单元内部位移场沿界面元法向和切向的位移分量。

增量形式的应力-应变关系定义为:

$$\begin{Bmatrix} d\sigma_n \\ d\tau_s \end{Bmatrix} = \begin{bmatrix} \kappa_{nt} & 0 \\ 0 & \kappa_{st} \end{bmatrix} \qquad (2-23)$$

式中,$d\sigma_n$,$d\tau_s$ 分别为界面单元内部法向和切向应力;κ_{nt},κ_{st} 分别为单元法向和切向的劲度系数,

从文献[66-69]来看,Desai 等关于切向劲度系数的确定研究得较多,而对于法向劲度的确定仅在文献中做过一些讨论,与薄层界面元材料的弹性模量 E 和泊松比 μ 有关。

Desai 薄层界面元克服了无厚度 Goodman 界面元不能模拟法向闭合

变形的缺点。但从薄层界面元的本构假设可以看出,该单元在理论上还存在一些交待不尚清楚地方,如没有阐明为什么取剪切模量、弹性模量和泊松比为 3 个独立参数,以及薄层界面元法向劲度系数的取值依据和迭代过程中各个模量的计算等。

2.4.1.3 殷宗泽有厚度接触面单元

殷宗泽等人在探讨界面变形特性的基础上,否定了接触面上剪应力与相对错动位移间的双曲线渐变关系,提出了界面单元的刚一塑性本构模型,把普通连续体单元的应变模式,根据接触界面的力学行为特征进行了分解。

土与结构接触面上的剪切错动往往不是沿着两种材料的界面,有可能发生在土内,这时无厚度单元就不一定能真实反映接触面的变形特性。因此把混凝土墙面与附近一定范围内的土体连在一起,用一种有厚度的接触面单元来模拟。它和普通单元一样在平面问题中有 3 个应力分量和应变分量。其中接触面的错动用剪应变 γ 来反映,它与相对错动位移 w_s 的关系为 $\gamma=-w_s/d$,式中,d 为接触面单元的厚度。

对于划入有厚度接触面单元内的接触面和其附近的土体来说,变形可以分为两部分:一是土体的基本应变,以 $\{\Delta\varepsilon\}'$ 表示,不管滑动与否都是存在的,它与其他土体单元一样;二是破坏变形,包括滑动破坏和拉裂破坏,以 $\{\Delta\varepsilon\}''$ 表示。只有当剪应力达到抗剪强度、产生了顺接触面方向的滑动破坏,或接触面上的法向应力为拉、产生拉裂破坏时,才存在。

基本变形所采用的本构模型与土体其他区域中的相同,可以是弹性非线性模型,也可以是弹塑性模型。破坏变形有两种形式:一是张裂;二是滑移。

在上述本构假设的基础上提出的有厚度界面元的数值模型,与一般实体单元没有差别,这使得界面元的本构假设更为理性化,本构矩阵非对角线元素取非零值可以反映切向和法向的相互耦合的特性,但单元厚度的选取没有明确的物理意义,只是建议界面元的厚度尽可能地取小,表示耦合特性的模型参数也较难确定[79-81]。

2.3.1.4　基于接触力学的接触分析方法

描述接触问题的另一类方法是采用接触力学的分析方法,目前各大商业有限元软件中解决接触问题均采用这种方法,如 ANSYS,MARC,ABAQUS 等。

该类方法将变形特性相差较大的不同材料当作不同的物体,将它们之间的相互作用处理成为不同物体间的相互作用问题。接触问题是一个局部非线性问题,需要准确的追踪接触前多个物体的运动以及接触发生后这些物体的相互作用,施加无穿透接触约束条件和模拟接触面之间的摩擦行为等。数学上施加无穿透接触约束条件的方法由拉格朗日乘子法、罚函数法及直接约束法等[74]。分析中追踪物体的运动轨迹,一旦探测出发生接触,便将接触所需的运动约束(即法向无相对运动、切向可滑动)和节点力(切向摩擦力)作为边界条件直接施加在产生接触的节点上。这种方法对接触的描述精度高,具有普遍适应性。它不需要增加特殊的界面单元,也不涉及复杂的接触条件变化。基于接触力学的接触分析方法同前述的接触单元法相比在处理接触界面几何关系方面有着本质的区别。由于基于接触力学的分析方法通过物体的几何关系的准确描述来判别物体之间的接触关系,摆脱了连续介质力学所采用的用单元位移和应变来描述物体几何特性的基本模式,使得该方法对处理位移不连续现象具有本质上的优越性,如对于接触界面脱开的处理,采用接触面单元时这是一个难点,但在接触力学分析方法中却是最简单的物体间没有相互作用的情况。

2.4.2　接触模拟在 ABAQUS 中的实现

2.4.2.1　垂直表面的相互作用

两个表面之间分开的距离称为间隙。当两个表面之间的间隙为零,就应用了接触约束。在接触问题的公式中，未对可以在表面间相互传递接触压力的量值加以任何限制。当接触压力变为零或负值时，两表面分开，且约束移去。这种表面相互作用的行为称为"硬"接触。在图2-13中所示的接触压力-间隙关系中总结了这种行为。当接触条件从"开"（正的间隙）到"闭"（间隙为零）时，接触压力发生剧烈的变化，有时使得完成接触模拟非常困难。

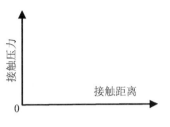

图 2-13 "硬"接触的接触压力-间隙距离关系

2.4.2.2 表面的滑动

除了要确定是否在某一点发生接触外，分析中还必须计算两个表面的相对滑动。这可能是一个很复杂的计算。因此，在分析中 ABAQUS 必须区分哪里滑动量小和哪里滑动量是有限的，对于表面间滑动较小的模型问题，计算量非常小。由什么构成"小滑动"是很难定义的，但一般所遵循的概念是，当一点与一表面接触时，只要这点滑动量不超过一个典型的单元尺寸，就可以近似的应用"小滑动"。

当应用小滑动公式时，ABAQUS 从模拟开始就建立从属表面和主控表面之间的关系，ABAQUS 确定主控表面的哪个部分将与从属表面的每个节点发生作用，这种相互关系在整个分析过程中保持不变。

有限滑动接触公式要求 ABAQUS 经常确定主控表面的哪个部分与从属表面的哪些节点保持接触，这是很复杂的计算，特别是两个表面都在变形的时候。

2.4.2.3 摩擦

库仑摩擦是描述接触面相互作用的典型摩擦模型，该模型用摩擦系数 μ 来表征两个表面间的摩擦行为。乘积 μp 给出了接触表面间摩擦剪应力的极限值,这里 p 是两表面间的接触压力。直到接触面间的剪应力等于摩擦剪应力的极限值 μp 时,接触表面才会滑动(相对滑动),如图 2-14 中实线所示。然而,接触面的刚塑性假设不利于数值计算的稳定性和收敛,若必须模拟理想的黏结-滑动摩擦行为,可以应用拉格朗日摩擦模型。更具备物理意义更方便的假设是认为接触面上存在着弹性相对切向位移。因此,ABAQUS 采用一个"弹性滑动"的罚摩擦公式,如图中虚线所示。"弹性滑动"指表面间必须黏结在一起时发生小量的相对运动。

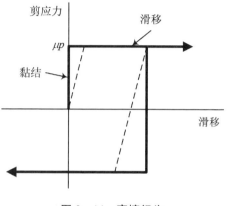

图 2-14　摩擦行为

　　由此,ABAQUS 采用的库仑摩擦模型如图 2-15 所示。罚刚度(弹性滑动的斜率 G_1)由 E_{slip} 来控制,这个允许的"弹性滑动"是非常小比例的特征单元尺寸(程序默认值是所有接触面单元平均单元长度的 0.5%)。

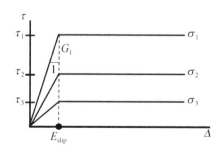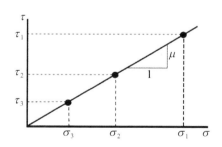

图 2-15　Coulomb 界面摩擦模型

2.4.2.4　接触算法

ABAQUS/Standard 中的接触算法如图 2-16 所示。

在每个增量开始前检查所有接触对的状态,以判断从属节点是开还是

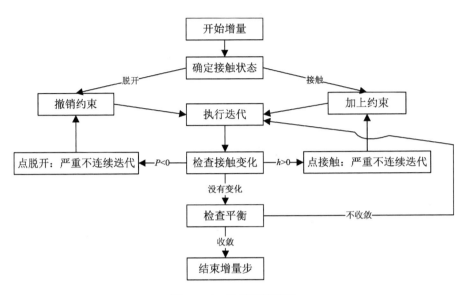

图 2‑16 接触逻辑算法

关。如果一个节点是关闭的，ABAQUS 确定它是在滑动还是黏结。ABAQUS 对每个关闭节点加以限制，而对那些接触状态从闭到开改变的节点，ABAQUS 解除限制。ABAQUS 再进行迭代和用修正来改变模型的构形。

2.5 流 固 耦 合

在 ABAQUS 程序中提供了孔隙水压单元（pore pressure element），可用于模拟饱和土和非饱和土的流固耦合问题。其自由度包括位移和孔隙水压。

2.5.1 应力平衡方程

土体应力平衡方程可采用虚功原理来表示，即某一时刻 t 土体的虚功

与作用在该土体上作用力(体力和面力)产生的虚功相等,即

$$\int_V \sigma : \delta\varepsilon \mathrm{d}V = \int_S t \times \delta v \mathrm{d}S + \int_V \hat{f} \times \delta v \mathrm{d}V \qquad (2-24)$$

式中,δv 表示虚速度场;$\delta\varepsilon = sym(\partial\delta v/\partial x)$ 为虚应变;σ 为真实(Cauchy)应力;t 为单位面积上的表面力;$\hat{f}$ 为单位面积上的体积力。

在土体中,$\hat{f}$ 通常包含孔隙水的重量:

$$f_\mathrm{w} = (sn + n_\mathrm{t})\rho_\mathrm{w}g \qquad (2-25)$$

式中,ρ_w 为孔隙水的密度;g 为重力加速度。

因此,虚功方程可以写为:

$$\int_V \sigma : \delta\varepsilon \mathrm{d}V = \int_S t \times \delta v \mathrm{d}S + \int_V f \times \delta v \mathrm{d}V + \int_V (sn + n_t)\rho_w g \times \delta v \mathrm{d}V$$

$$(2-26)$$

有限单元法求解时,采用拉格朗日方程对该方程进行空间离散,基本未知量为单元节点的位移。因此,土体可用有限单元来模拟,土体孔隙流体可在单元中流动。

2.5.2　渗流连续方程

渗流连续方程是由同一时间内流入土体的水量等于土体的体积变化量这一连续条件来建立的,即

$$\frac{\mathrm{d}}{\mathrm{d}t}\left(\int_V \frac{\rho_w}{\rho_w^0} sn \mathrm{d}V\right) = -\int_V \frac{\rho_w}{\rho_w^0} snn \times v_w \mathrm{d}S \qquad (2-27)$$

式中,v_w 是流体的平均流速;n 是边界 S 的外法线,该方程对 ρ_w^0(reference density)进行了归一化。

连续方程采用反向欧拉近似法进行时间积分,用有限元离散时,基本未知量为孔隙水压力,在 ABAQUS 中,孔隙水压力可以是总水压力,也可

以是超静孔隙水压力。

孔隙水渗流假定服从达西(Darcy)定律或 Forchheimer 定律。Darcy 定律一般适用于较低的渗流速度,而 Forchheimer 定律适用于较高的渗流速度。Darcy 定律也可认为是 Forchheimer 定律的线性形式。

Forchheimer 定律的表达式为:

$$v_w = \frac{1}{sng\rho_w(1 + \beta\sqrt{v_w \times v_w})}\hat{k} \times \left(\frac{\partial u_w}{\partial x} - \rho_w g\right) \qquad (2-28)$$

式中,$\hat{k}(s,e)$ 是土体的渗透系数;$\beta(e)$ 是"速度系数"。

当 $\beta=0$ 时,式(2-28)即为 Darcy 定律。因此可知,当渗流速度趋于 0 时,Forchheimer 定律将转化为 Darcy 定律。

2.6 本 章 小 结

(1) 针对软土地区土基软弱的特点,本文选用 Mohr-Coulomb 模型模拟硬壳层和灰色砂质粉土,选用修正剑桥模型模拟灰色淤泥质粉质黏土和灰色淤泥质黏土,以全面反映不同土质的非线性本构关系。

(2) 在进行材料非线性有限元求解时,为减小计算成本,提高计算精度,本文选取了增量迭代法。

(3) 桩土作用是一个较为复杂的接触问题,本文应用 ABAQUS 程序提供的面面接触单元,选用库仑摩擦模型来表征其接触摩擦现象。

(4) 为模拟新老路基不同的填筑历史及施工工序,反映不同阶段地基固结沉降而产生的路基变形和路面应力状态,本文采用了流固耦合单元进行软土地基固结分析。

第 3 章

软土地区高速公路拓宽工程路基路面的力学响应

准确描述拓宽过程中路基路面的变形及应力特征,是把握高速公路拓宽工程损坏模式、建立设计方法以及选择处理措施的基础。

本章考虑路基路面综合体系,拟采用单元生死技术和流固耦合单元,建立平面非线性有限元模型,并针对老路地基为天然地基和复合地基两种工况,对地基沉降和侧向位移、超孔隙水压力、路基变形以及路面应力进行详细分析,以掌握软土地基拓宽工程的损坏模式。

3.1 有限元模型的基本考虑

3.1.1 模型考察对象

现有公路拓宽的数值研究多将地基变形和路面结构应力分析两部分剥离开来,单独针对其中某个方面进行分析。

在地基变形计算方面,不少研究仅对路基荷载产生的地基变形进行分析[83-84],或者将路面荷载等效为一定高度的路基荷载[85],注重分析拓宽路基荷载作用下地基的变形和应力性状。

在涉及路面结构响应分析时,多将路基顶面的变形曲线作为边界条件施加到路面结构上单独计算变形附加应力。在变形曲线的选择方面,主要有两种方法:

(1)基于某种假设的简化曲线。如文献[86]假设老路的路基经多年行车荷载的作用已经完全固结,沉降只发生在A-A截面右侧,而拓宽部分的沉降受老路的约束,为直线形态,最大值发生在路面的边缘处,如图 3-1(a)所示;文献[21]则根据平面有限元分析成果[41],将曲线形态简化为二次曲线(式(3-1))分布(如图 3-1(b)所示,其中坐标的原点 o 位于土基顶部,y 轴为新老路的界面交线)。

(2)直接提取实际计算所得的曲线形态[87]。

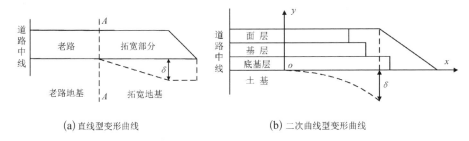

(a)直线型变形曲线　　　　　　　　(b)二次曲线型变形曲线

图 3-1　拓宽路基变形形态的假设

$$y = \frac{0.01\delta}{c^2}x^2 \qquad (3-1)$$

式中,c 为拓宽路基的宽度(m);δ 为自重作用下最大沉降值(cm)。

事实上,上述简化存在以下问题:① 软土地区,由于拓宽路面重力产生的地基和路基变形不可忽视,且路面结构的刚度对路基变形具有一定的贡献;② 老路路基在拓宽路基荷载作用下将产生二次沉降,将老路沉降假设为零和实际工况存在较大偏差;③ 新老路基的变形形态和地基处理方案、工程范围、运营历史密切相关,曲线的简化可能存在一定的局限性和失真性。因此,为准确反映路基变形及路面应力状况,宜考虑路基、路面总体建模。

3.1.2　模型分析历程

文献[88,41]在建模过程中假设老路基固结已经完毕而不考虑老路带来的沉降;文献[89,83]的计算时间取老路修建开始,但在分析沉降变形时考虑的是新路路堤产生的附加沉降,故在新路施工前,对老路荷载引起地基中的位移进行归零,而仅保留老路荷载在地基中附加应力。

然而,在深厚软土地区,高速公路拓宽时既有路基沉降可能尚未稳定;并且如图 2-2 所示,既有路面在拓宽前的运营过程中,路基不均匀沉降已在基层结构产生附加应力,该应力对拓宽后整个路面结构的工程响应具有重要影响。因此,模型分析历程宜考虑自既有公路新建时起计。

3.2　有限元模型的建立

3.2.1　几何模型及边界条件

取沪宁高速公路(上海段)拓宽工程作为本文分析的典型工程案例,地基及路基的几何参数见图 3-2。其中,路基高度为 4 m,边坡为 1:1.5;老路基宽 26 m,拓宽路基两侧各 8 m;地基计算深度取 30 m,各土层自上而下分为 2 m 硬壳层、10 m 灰色淤泥质粉质黏土、10 m 灰色淤泥质黏土及 8 m 灰色砂质粉土;地基计算宽度取 80 m;路面结构自上而下分别为 16 cm 沥青混凝土面层、45 cm 三渣基层及 15 cm 级配砾石垫层。

由于结构的对称性,计算以老路中心为对称面取结构的一半。结构左右边界分别为横向固定约束,无水平位移;底部为横向和竖向固定约束,无水平和垂直位移;为计算简便,设地表为透水边界,其余为不透水[69]。

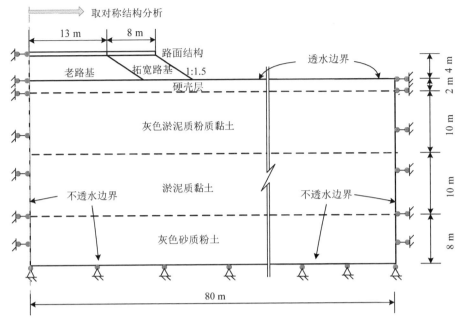

图 3-2　有限元分析几何模型及边界条件设置

3.2.2　材料模型及参数

考虑不同土质材料的特性和不同本构关系的适用性,本文对新老路基、硬壳层和灰色砂质粉土采用 Mohr-Coulomb 模型进行模拟,对灰色淤泥质粉质黏土、灰色淤泥质黏土采用修正剑桥模型(MCC)进行模拟。另外,路面结构按线弹性模型考虑。各模型计算参数如表 3-1 所列,其中修正剑桥模型(MCC)的计算参数是据其与塑性指数 I_p 的统计回归关系获取的[73]。

表 3-1　材料计算参数

材料	密度 /(kg·m^{-3})	渗透系数/ (m·s^{-1})		弹性模型		Mohr-Coulomb			MCC		
		k_h	k_v	E/MPa	μ	C/kPa	ϕ	Ψ	κ	λ	M
路堤	2 000	—	—	15	0.30	30	28	0	—	—	—
土层1	1 800	8.4× 10^{-7}	8.4× 10^{-7}	2.5	0.30	20	30	0	—	—	—

续　表

材料	密度 /(kg · m⁻³)	渗透系数/ (m · s⁻¹)		弹性模型		Mohr-Coulomb			MCC		
		k_h	k_v	E/MPa	μ	C/kPa	ϕ	Ψ	κ	λ	M
土层 2	1 800	6.0×10^{-9}	4.0×10^{-9}	—	0.35	—	—	—	0.065	0.186	0.985
土层 3	1 600	4.9×10^{-9}	2.9×10^{-9}	—	0.35	—	—	—	0.050	0.140	1.048
土层 4	2 000	6.2×10^{-7}	6.2×10^{-7}	4.6	0.30	20	31.4	0	—	—	—
垫层	2 500	—	—	300	0.30	—	—	—	—	—	—
基层	2 500	—	—	1 400	0.30	—	—	—	—	—	—
面层	2 500	—	—	1 200	0.30	—	—	—	—	—	—

3.2.3　荷载模型及加载历程

为了模拟实际的施工及运营过程,将整个计算过程分为 15 个荷载步 (STEP),如图 3 - 3 所示。分析中,自重荷载采用体力(在 ABAQUS 程序中为 BY)荷载的方式进行施加,施工历程应用程序提供的单元生死技术 (＊ MODEL CHANGE, REMOVE, TYPE＝ELEMENT 和 ＊ MODEL CHANGE, ADD, TYPE＝ELEMENT)进行模拟,具体过程如下:

荷载步 1:杀死所有路堤及路面结构单元,仅对地基结构进行地应力平衡。

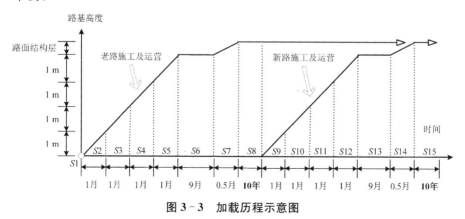

图 3 - 3　加载历程示意图

荷载步 2—荷载步 5：模拟老路路堤的施工，将路堤分为 4 层，每层施工时间为 1 个月，每个荷载步激活 1 m 厚路堤单元，并施加相应层位的路堤体力。

荷载步 6：模拟路堤荷载的预压，历时 9 个月。

荷载步 7：模拟老路路面结构的施工，激活老路路面结构单元并施加体力，历时 0.5 个月。

荷载步 8：模拟老路运营期间的固结，历时 10 年。

荷载步 9—12：模拟拓宽路堤的施工，将路堤分为 4 层，每层施工时间为 1 个月，每个荷载步激活 1 m 厚路堤单元，并施加相应层位的路堤体力。

荷载步 13：模拟拓宽路堤荷载的预压，历时 9 个月。

荷载步 14：模拟拓宽路面结构的施工，激活拓宽路面结构单元并施加体力，历时 0.5 个月。

荷载步 15：模拟拓宽后高速公路运营期间的固结，历时 10 年。

必须注意的是，在第一个荷载步分析时，必须杀死所有其他无关单元，并在后续该实体单元施工时再予以激活。否则，在各荷载步分析中，现场并未施工的实体可为整个模型贡献抗变形刚度，导致分析结果存在较大误差。

3.2.4　单元类型及网格划分

该计算模型为典型的平面应变有限元模型，对地基采用流固耦合单元 CPE4P 进行模拟，对路堤及路面结构采用平面应变单元 CPE4 进行模拟。

采用结构性网格进行划分，路面结构横向每 0.5 m 一单元，其下路堤和地基按此密度等分，拓宽路基以外地基部分横向共 17 个单元；面层厚度方向为 2 个单元，基层厚度方向为 4 个单元，垫层厚度方向为 2 个单元；路堤厚度方向为 4 个单元；硬壳层和灰色砂质粉土厚度方向为 4 个单元，灰色淤泥质粉质黏土和灰色淤泥质黏土厚度方向为 5 个单元。

结合各荷载步的单元网格如图 3－4 所示。

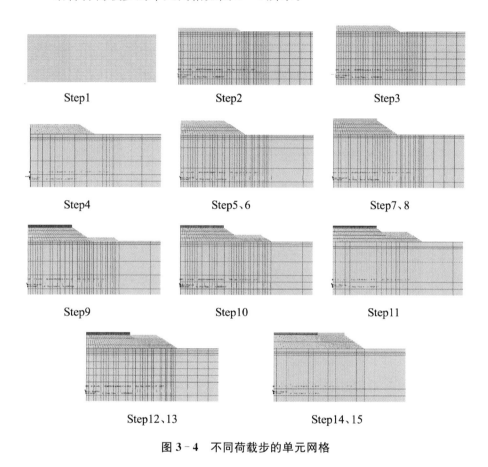

Step1　　　　　Step2　　　　　Step3

Step4　　　　　Step5、6　　　　Step7、8

Step9　　　　　Step10　　　　　Step11

Step12、13　　　　　Step14、15

图 3－4　不同荷载步的单元网格

3.3　老路为天然地基时的力学响应

3.3.1　地基沉降及侧向位移

不同荷载步结束后的地表总沉降曲线如图 3－5 所示。可见,当施加拓宽路基荷载后(step8→step12),拓宽路基部分的地基沉降显著增大,使

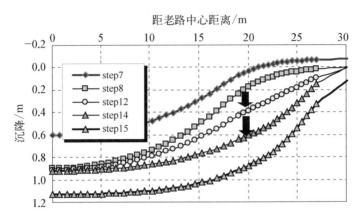

图 3-5 不同荷载步结束后的地表总沉降

得该部分地基在老路基固结完成后(step8)形成的沉降盆曲率更为平缓；当继续增加路面荷载后,由于路面荷载自重作用和路基堆载预压两个方面的原因,该部分的沉降量较施加路基荷载时更大;待至拓宽路面运营10年以后(step15),地表总沉降曲线形态相当于将老路基形成的沉降盆扩展外移。

将地表总沉降剔除老路基运营10年后的地基总沉降的影响,即得到由于拓宽路基路面而导致的地表沉降,如图3-6所示。可见,施加拓宽路基和路面荷载后,地基表面形成盆形沉降曲线,并且由于老路抗变形刚度的存在,老路一侧地基的变形斜率较为平缓,而拓宽路基外侧的变形坡度较大;另一方面,对比瞬时沉降曲线和总沉降曲线,可以发现,随着固结时间的增加,虽然老路基中心部位地基的沉降增大了20 cm,但新老路基下的地基不均匀沉降仍由20 cm增加到50 cm。

必须注意的是,采用有限元分析方法和单元生死技术能够较好地模拟由于老路基抗变形能力而导致的老路基侧沉降坡度平缓现象,若采用分层总和法[35,43]则无法消除该因素带来的影响,导致新老路基不均匀沉降在结合部位较实际情况偏大。

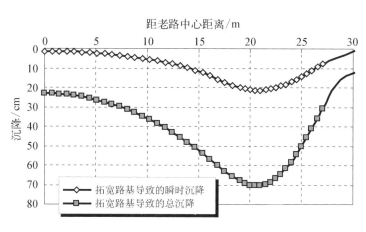

图 3-6　拓宽引起的地表瞬时沉降和总沉降

公路拓宽工程中,地基中的水平位移反映了施工过程中的整体的稳定性,因此,有必要对其变化规律进行分析。老路基和拓宽路基坡脚处的地基侧向变形分别如图 3-7 和图 3-8 所示。可见,拓宽荷载均导致两断面侧向位移的增大,但对于拓宽路基坡脚处更为明显;并且,对拓宽路基而言,其侧向位移主要发生在路堤土堆载预压和施加路面荷载这一时段。

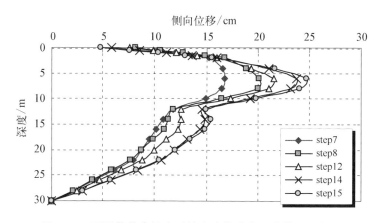

图 3-7　不同荷载步结束后的老路基坡脚处地基侧向变形

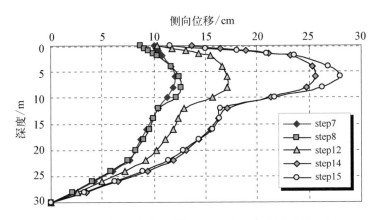

图 3-8   不同荷载步结束后的拓宽路基坡脚处地基侧向变形

3.3.2 超孔隙水压力

拓宽路基、路面施工结束后地基内超孔隙水压力的分布如图 3-9 和图 3-10 所示。可见,路基路面的拓宽可在老路坡脚处的地基内产生较大的超孔隙水压力,此时地基的稳定性较差[42]。

取老路坡脚处 6 m 深的单元节点,得到超孔隙水压力的历时特征如图 3-11 所示。可以看到,该处的超孔隙水压力经历一个产生(老路基的施加)→消散(老路基堆载预压期的固结)→增大(老路面的施加)→消

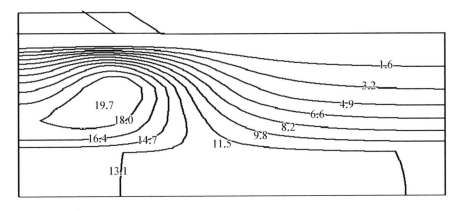

图 3-9   拓宽路堤施工结束后地基内超孔隙水压力分布(单位: kPa)

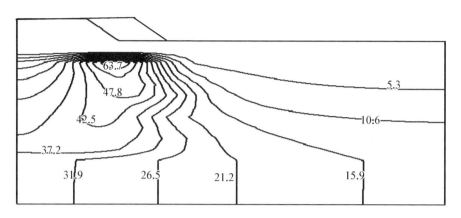

图 3-10　拓宽路面施工结束后地基内超孔隙水压力分布(单位: kPa)

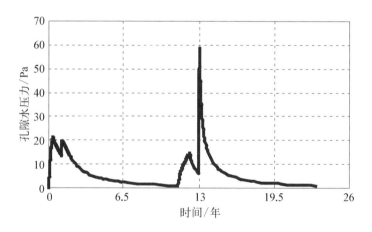

图 3-11　老路坡脚处 6 m 深地基处的超孔隙水压力历时特征

散(老路运营期的固结)→增大(拓宽路基的施加)→消散(拓宽路基堆载预压期的固结)→增大(拓宽路面的施加)→消散(拓宽公路运营期的固结)的过程。并且,超孔隙水压力在拓宽路面施工结束后达到最大值(比较图 3-9 和图 3-10 也可发现),这是由于在加载历程中假设拓宽路基的施工速度为 1 m/月,而拓宽路面的施工时间仅为 0.5 个月,加载速率较快,导致地基内超孔隙水压力急剧增加,此时地基稳定问题更为突出。因此,从地基稳定性的角度考虑,施工中必须严格控制路基、路面填筑的速度。

3.3.3 路基顶面变形

不同荷载步结束后的老路基顶面变形曲线如图 3 - 12 所示。可见,在路基拓宽之前,老路基顶面的变形曲线呈现盆形,且随着固结时间的推移(step6→step7),不均匀沉降曲率逐渐增大;但随着拓宽路基、路面荷载的增加,不均匀沉降曲线逐渐减小,直至盆形形态的消失。

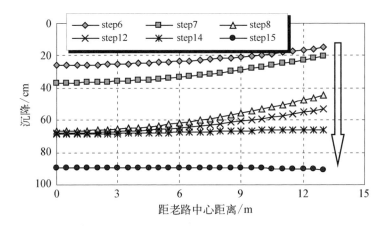

图 3 - 12　不同荷载步结束后的老路基顶面变形

然而,上述数据中所体现的路基顶面变形包含了由于施工导致的瞬时变形和路基荷载堆载预压导致的固结变形,而非路面结构施加后真正导致路面结构产生变形附加应力的工后变形。因此,将变形数据减去路面施工前(老路基堆载预压后)的路基顶面变形数据,得到不同时期老路基顶面的工后变形如图 3 - 13 所示。可见,老路基顶面的工后变形由盆形曲线逐渐变化为反坡曲线;并且,对比拓宽路堤预压结束后和拓宽路面结束后的工后变形曲线可以发现,拓宽路面的施加导致了老路中心的上抬。

同样,可得到不同荷载步结束后的拓宽路基顶面变形和不同时期拓宽路基顶面的工后变形分别如图 3 - 14 和图 3 - 15 所示。可见,当施加拓宽

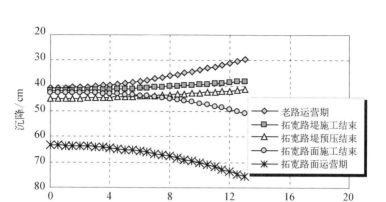

图 3‑13　不同时期老路基顶面的工后变形

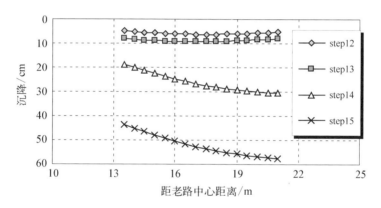

图 3‑14　不同荷载步结束后的拓宽路基顶面变形

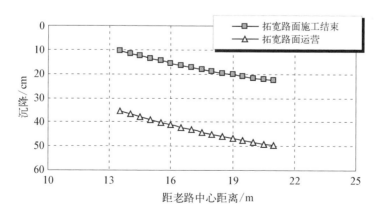

图 3‑15　不同时期拓宽路基顶面的工后变形

路面荷载后,由于老路路基、路面抗变形刚度的存在,靠近老路一侧的变形较小,而远离老路一侧的变形较大。若将拓宽路基、路面形成的平行四边形荷载转化为梯形荷载计算路基变形,而不考虑新老路基的相互作用,则计算结果无法反映实际情况。

若以拓宽路基堆载预压结束后为时间起点计,则新老路基顶面的变形形态如图 3-16 所示,呈现一反 S 曲线。

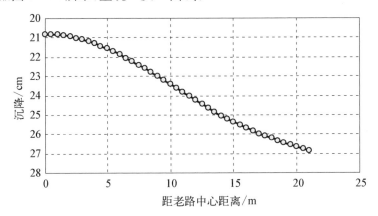

图 3-16 拓宽路基堆载预压结束后新老路基顶面变形曲线

3.3.4 新老路面变形附加应力

前述图 3-13 表明,公路拓宽可导致老路基顶面的工后变形由盆形曲线逐渐变化为反坡曲线,因此其路面结构的变形附加应力同样应存在变化。为此提取不同荷载步结束后的基层顶面应力状态如图 3-17 所示,距老路中心 10 m 处基层顶面应力历时曲线如图 3-18 所示。其中,弯拉应力为负值表示受压状态。

可见,老路基层顶面的应力由新建公路的受压状态逐渐发展为拓宽后的受拉状态,拓宽基层顶面则为受压状态;并且,随着拓宽公路的运营,靠近老路中心的基层顶面弯拉应力有所增大,而老路基层顶面最大弯拉应力点也逐步内移,约从距中心 11 m 处发展到 9 m 处。

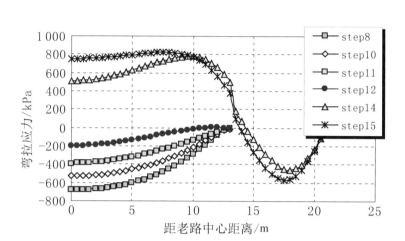

图 3‑17　不同荷载步结束后的基层顶面弯拉应力

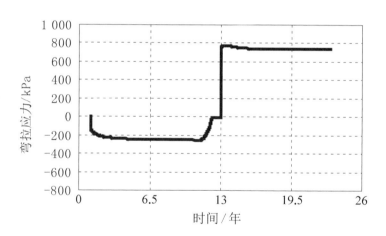

图 3‑18　距老路中心 10 m 处基层顶面弯拉应力历时特征

3.4　老路为复合地基时的力学响应

上述分析中针对的均是天然地基上路基拓宽案例,即新、老路基下地基均未进行处理。然而我国前期高速公路在新建过程中,针对软土地基上大多采用了塑料排水板或复合地基的处理措施。对这些高速公路进行拓宽时,老路的地基处理势必对拓宽工程的工程性状带来影响。因此,本文以沪宁高速公路(上海段)拓宽工程为例,考察老路地基的水泥粉喷桩处理对拓宽工程中路基、路面变形性状的影响。

3.4.1 考虑老路地基粉喷桩处理的计算模型

为简化计算,考虑将老路地基的桩处理简化为平面问题。对空间问题向平面转化的方法就是将在空间沿路堤横向和纵向按一定距离分布的桩转化为沿路堤纵向方向的连续墙[90]。简化的方法有两种,一种保持将连续墙代替桩,保持桩身直径和桩间距不变,通过对桩身强度和渗透系数等参数的折减来达到预期目标。第二种是按照转换前后墙与桩的总刚度等效,减少墙的宽度。

本文选用第一种简化方法,如图3-19所示。折减方式如下[91]:

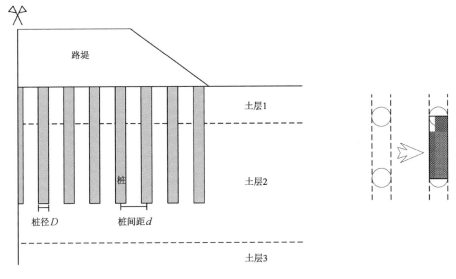

图 3-19　平面计算模式

1. 等效桩身模量

假定等效桩均匀受压,土体、桩和等效桩体在竖向具有相同的压缩应变 ε_z,由应力应变关系可得土体、等效桩体的应力 σ_s、σ_p、σ_p^c 分别为:

$$\sigma_s = E_s\varepsilon_z;\sigma_p = E_p\varepsilon_z;\sigma_p^c = E_p^c\varepsilon_z \qquad (3-2)$$

式中,E_s,E_p,E_p^c 分别为土体、桩、等效桩体的模量。

由力的平衡条件可得

$$\sigma_p^c = \sigma_s\left(1 - \frac{D}{d}\right) + \sigma_p\frac{D}{d} \qquad (3-3)$$

即可得到平面简化时等效桩体模量为:

$$E_p^c = E_s\left(1 - \frac{D}{d}\right) + E_p\frac{D}{d} \qquad (3-4)$$

2. 等效渗透系数

假设固结渗流是一维,在等效桩体顶面以下 z 深度取一微单元体,外荷施加某一时刻 t,微单元体的水量变化为:

$$q_c = k_{sv}^c\frac{\partial^2 h_c}{\partial z^2}\mathrm{d}x\mathrm{d}y\mathrm{d}z \qquad (3-5)$$

式中,k_{sv}^c 为等效桩体的竖向渗透系数;h_c 为等效桩体的水头。

对于等效桩体中微单元土体而言

$$q_s = k_{sv}(1 - \frac{D}{d})\frac{\partial^2 h_s}{\partial z^2}\mathrm{d}x\mathrm{d}y\mathrm{d}z \qquad (3-6)$$

式中,k_{sv} 为土体的竖向渗透系数。

由于桩身的渗透系数为土体的 0.001~0.000 1 倍,可以近似认为桩身不排水。同时等效前后 $q_s = q_c$,$h_s = h_c$。因此,可得等效桩体的渗透系数:

$$k_{sv}^c = k_{sv}\left(1 - \frac{D}{d}\right) \qquad (3-7)$$

同理,可得等效桩体水平向渗透系数:

$$k_{sh}^{c} = k_{sh}\left(1 - \frac{D}{d}\right) \tag{3-8}$$

根据沪宁高速公路(上海段)老路堤地基处理设计资料,水泥粉喷桩桩长 $10\sim15$ m,分析中以 10 m 计;桩径 0.5 cm;桩间距 1.5 m;取水泥粉喷桩桩弹模为 100 MPa[92],主要考虑第二层软弱土对桩计算参数的折减,简化后计算参数如表 3-2 所列。

表 3-2　折减后的桩计算参数

弹性模量 E/MPa	μ	$k_h/(\text{m}\cdot\text{s}^{-1})$	$k_v/(\text{m}\cdot\text{s}^{-1})$
34	0.2	4.0×10^{-9}	2.7×10^{-9}

考虑老路地基水泥粉喷桩处理的路基拓宽有限元计算网格划分如图 3-20 所示。其中,桩土之间设置接触单元,考虑桩体模量较大,设为主面,土体设为从面;另外,在桩端土和桩端节点施加节点位移耦合约束(图 3-21)。

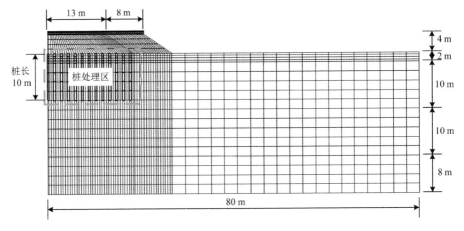

图 3-20　老路地基水泥粉喷桩处理的路基拓宽平面有限元计算网格划分

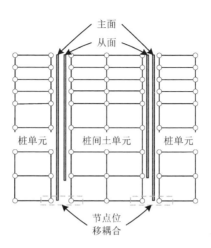

图 3 - 21　桩土接触的设置及桩端节点位移耦合

3.4.2　老路复合地基对路基路面变形及应力性状的影响

不同荷载步结束后的地表总沉降曲线如图 3 - 22 所示。对比图 3 - 5 可见,由于老路地基采取水泥粉喷桩处理,老路基荷载产生的沉降盆(step7、step8)较为平缓,老路中心地基最大瞬时沉降由 60 cm 减小到 40 cm,最大总沉降由 90 cm 减小到 60 cm。当施加拓宽路基荷载后(step8→step12),拓

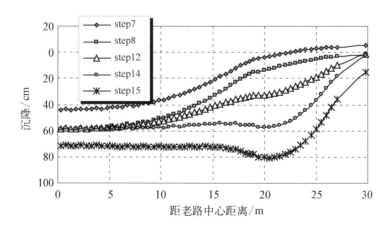

图 3 - 22　不同荷载步结束后的地表总沉降(复合地基)

宽路基部分的地基沉降显著增大,并且在拓宽路基部分出现沉降曲线的拐点;当继续增加路面荷载后(step14),由于路面荷载自重作用和路基堆载预压两个方面的原因,该部分的沉降量较施加路基荷载时更大;待至拓宽路面运营 10 年以后(step15),地表总沉降最大值出现在拓宽路基部位。

由于拓宽路基路面而导致的地表总沉降曲线如图 3-23 所示。对比天然地基的沉降曲线可知,老路地基采取水泥粉喷桩处理后,老路基中心地基因拓宽公路而导致的总沉降由天然地基的 20 cm 减小到 10 cm,但拓宽部分地基最大沉降仍为 70 cm,因此导致的地基不均匀沉降反而增大 10 cm。

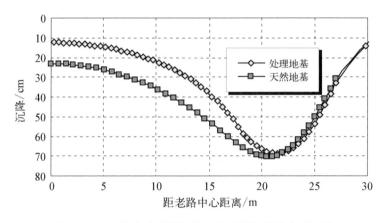

图 3-23　不同老路地基条件下拓宽引起的地表总沉降

老路基和拓宽路基坡脚处的地基侧向变形分别如图 3-24 和图 3-25 所示。

对比图 3-7 和图 3-8 可见,老路基处理的情况下,新、老路基坡脚断面的侧向位移均大大减小;并且,对于老路基坡脚断面而言,拓宽路基导致其侧向位移向内发生。另一方面,由于在建立桩处理计算模型中,将桩的空间问题转化为平面问题,即将沿公路纵向有间距的桩简化为连续墙,从一定程度上过高估量了桩对桩间土体侧向位移的限制作用,从而导致了土体侧向位移较实际偏小的情况,文献[91]也表明,该种计算方法得到的侧

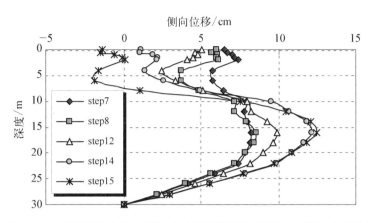

图 3‒24　不同荷载步结束后的老路基坡脚处地基侧向变形(复合地基)

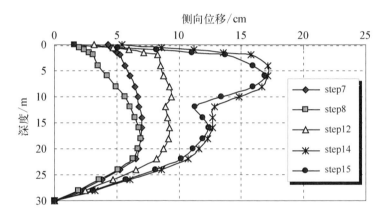

图 3‒25　不同荷载步结束后的拓宽路基坡脚处地基侧向变形(复合地基)

向位移与实测值有较大差异。因此,在深入分析中必须考虑如何避免这种模型简化带来的计算误差。

拓宽路面施工结束后地基内超孔隙水压力的分布如图 3‒26 所示。可见,施加拓宽荷载后,在老路坡脚处浅层地基内产生较大的超孔隙水压力,并且由于水泥粉喷桩承当了部分上覆荷载,在老路坡脚处的桩底也产生了较大的超孔隙水压力。从超孔隙水压力的最大值来看,老路基采取的桩处理措施对提高拓宽路基路面施工过程中的整体稳定性有一定效果。

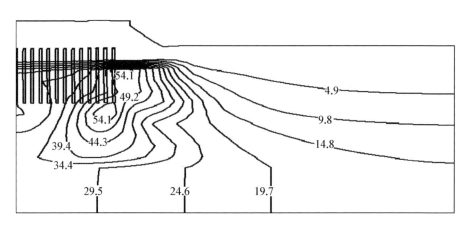

图 3-26 拓宽路面施工结束后地基内超孔隙水压力分布(复合地基)(单位: kPa)

不同时期老路基顶面的工后变形如图 3-27 所示。可见,与天然地基相同,施加拓宽公路荷载后,老路基顶面的工后变形由盆形曲线逐渐变化为反坡曲线,且拓宽路面的施加导致了老路中心的上抬。

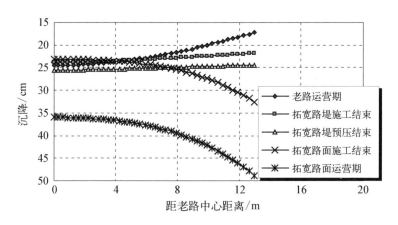

图 3-27 不同时期老路基顶面的工后变形(复合地基)

不同荷载步结束后的基层顶面应力状态如图 3-28 所示,距老路中心 11 m 处基层顶面应力历时曲线如图 3-29 所示。可见,同天然地基相同,老路基层顶面的应力由新建公路的受压状态逐渐发展为拓宽后的受拉状态,拓宽基层顶面则为受压状态;且老路基层顶面最大弯拉应力达

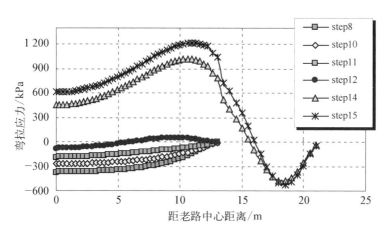

图 3‑28　不同荷载步结束后的基层顶面弯拉应力(复合地基)

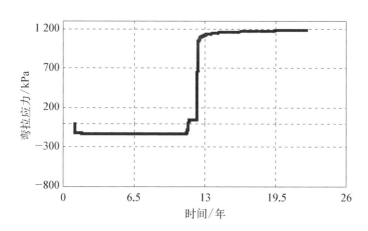

图 3‑29　距老路中心 11 m 处基层顶面弯拉应力历时特征(复合地基)

1.2 MPa,远远超出其弯拉强度,因此新老路基产生的变形附加应力可导致路面的开裂。但是,较天然地基不同的是,随着拓宽公路的运营,老路内侧基层顶面的弯拉应力始终小于靠近拓宽路面一侧,且老路基层顶面最大弯拉应力点并未内移,而一直保持在距中心 11～12 m 处,这也是为什么实际工程中发现拼接段的裂缝一般不出现在接缝处,而位于接缝向内 1～2 m 的原因。

这里必须说明两点:

（1）无论老路地基为天然地基还是复合地基，拓宽工程中既有路面结构的变形附加应力级位都较大，分别达到了 0.8 MPa 和 1.2 MPa，超过了基层材料的弯拉强度。这是由于在两分析案例中拓宽地基均未进行地基处理，拓宽引起的路基不协调变形非常显著；由此也说明了加强拓宽地基处理的必要性。

（2）对比老路地基为天然地基和复合地基两种工况可以发现，老路地基为复合地基条件下，公路拓宽对路基变形和路面应力的影响更为显著，说明新老地基处理的强度差异对拓宽工程性状具有极其重要的影响。因此，在进行拓宽地基处理设计时，可遵循"协同设计"的原则，根据老路地基的处理强度和方式，有选择性地进行拓宽路基的地基处理设计。同时，考虑影响既有路面结构性能的变形组成（图 2-2），老路沉降造成路面结构跟随变形的仅为其工后沉降部分，而拓宽公路沉降造成既有路面跟随变形的既包括工后沉降部分，也包括施工瞬时沉降部分，故从保障既有路面结构性能的角度，拓宽地基的处理强度应以略高于老路地基为宜。

3.5 本 章 小 结

（1）本章针对高速公路拓宽工程有别于新建工程的特点，考虑路基、路面的综合体系，采用单元生死技术和流固耦合单元，所建立的软土地区高速公路拓宽工程路基路面变形和应力分析的非线性有限元模型，可全过程模拟既有公路及拓宽公路的施工和运营，并充分反映不同时段地基、路基及路面的工程响应。

（2）在拓宽公路施工过程中，老路坡脚附近浅层地基区域出现较大超孔隙水压力，地基稳定性较差；并且施工速度越快，超孔隙水压力越大。

（3）随着拓宽公路的施工及运营，既有路基顶面的变形由新建路基的

"盆形"曲线逐渐发展为"倒钟形"曲线。

（4）既有路面结构跟随新老路基不均匀变形，基层顶面的应力逐步由压应力发展为拉应力，并在距新老路面界面 1～2 m 处达到最大，当此拉应力接近甚至超过基层材料的弯拉强度时，既有路面使用寿命大为减少甚至出现开裂。这一分析成果与现场调研发现的病害基本一致。

（5）在既有路面仍作为拓宽后整体路面结构主要承力层的情况下，拓宽过程中引起的老路地基施工沉降对既有路基、路面的结构性能和服务性能具有显著影响，因此在地基处理技术的选取和设计中应注意充分减小施工期间的老路地基沉降。

（6）可遵循"协同设计"的原则，按照略强于老路地基处理强度的标准，进行拓宽地基的处理。

第 4 章

高速公路拓宽工程中桩承式加筋路堤的机理与作用

桩承式加筋路堤是通过桩和水平加筋体联合处理软基的一种新型构筑物形式,和其他软基处理方法相比,具有施工工期短、沉降和侧向变形小、对老路影响小等优点[106-108],在拓宽工程中应用所带来的社会和经济效益是相当明显的。

然而,桩承式加筋路堤的性状十分复杂,我国目前还没有相应的设计规范,主要依靠经验进行设计。因此,本章拟通过桩承式加筋路堤工作机理的分析,建立拓宽工程中桩承式加筋路堤的三维有限元分析模型,详细掌握拓宽路堤荷载作用下桩承式加筋路堤的工作特性及其处理效果。

4.1 桩承式加筋路堤的应用机理

软基上新建高速公路的地基处理方法包括塑料排水板结合堆载(真空)预压法、水泥搅拌桩法、碎石桩法等。而拓宽工程是在既有道路边缘施工,为了尽可能减少施工对道路交通的影响,要求拓宽工程施工速度快、工期短。另外,拓宽荷载引起既有道路附加沉降,可能导致新老路面出现拼接缝及错台,加重桥头跳车现象,影响行车安全及缩短道路的使用寿命。从广佛高速公路的拓宽工程来看,软土深度仅为 5～7 m,竣工通车后,部分新老路拼接部位即出现开裂。

由于桩承式加筋路堤具有适应快速施工、对老路影响小的优点,已经在国内外的一些工程中得到应用,例如杭甬高速公路拓宽工程中的一期工程、伦敦的 Stansted 机场的铁路连接线加宽工程[106]、巴西圣保罗北部的公路拓宽工程[59]、荷兰的部分高速公路[109]。

桩承式加筋路堤所采用的桩体主要是刚性桩(筒桩、管桩等钢筋混凝土桩),不同于水泥搅拌桩、碎石桩等柔性桩和半刚性桩,但是和常规桩基础相比,取消了桩顶承台,而以桩托板(桩帽)代替。水平加筋体和砂垫层共同工作,起到了调节路堤沉降、约束路堤侧向变形,将路堤荷载分配于桩及桩间土的作用(图 1-9)。其应用机理主要包括以下几个方面。

4.1.1　土拱效应

桩承式加筋路堤受力较为复杂,路堤中桩间土和桩顶土体的差异沉降(图 4-1),会使桩顶一定范围内路堤填料产生应力重分布,大主应力方向发生偏转,大致平行于相邻两桩帽之间的圆拱形连线,从而将此拱形区域内的路堤填料压实,形成一个个拱状的压密壳体,将一部分桩间土路堤的荷载传递于桩帽之上。这一过程即是桩承式路堤的土拱(soil arching)效应。Hewlett 通过模型试验,分析了砂填料在正方形布置的方桩路堤中的土拱效应[108],示意图如图 4-2 所示。

土拱形成后,路堤荷载向桩顶转移的大小,与路堤填料的性质、填料的高度、桩间距和桩帽的大小有关。工程中关心的是桩间距和桩帽大小的选择问题。桩间距过大,桩帽过小,土拱效应不足,桩间土承受荷载太大,桩顶和桩间土差异沉降超出允许范围,路堤顶面产生"蘑菇"状突起[110],如图 4-3 所示;反之,则达不到桩承式路堤应有的经济效果。

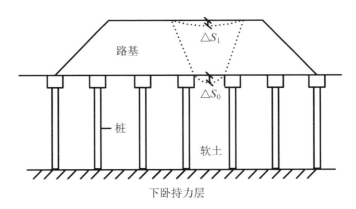

图 4-1　地基土及路堤的不均匀沉降

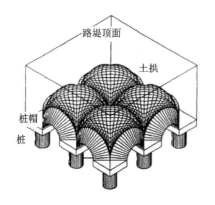

图 4-2　正方形布桩时土拱示意图[108]

图 4-3　路面产生"蘑菇"状突起(Han J)

4.1.2　土工格栅

在桩承式路堤系统中,高强度土工格栅出现以前,为了充分利用桩的承载能力,并防止由于桩间距过大而造成路堤顶面出现不均匀沉降,普遍的做法是增大桩帽[59,111]。

Rathmayer[112]通过对传统桩承式路堤使用性能的调研,提出桩(帽)的置换率设计标准如图 4-4 所示。可见,所需的置换率和路堤填料的性能有密切关系。

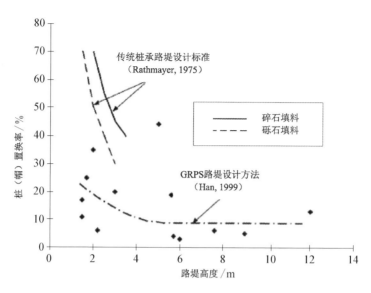

图 4‑4　桩承式路堤所需置换率和路堤高度的关系

但是当桩间土沉降较大时,桩帽下面容易形成空洞,大桩帽受力不均,产生倾斜,上部路堤填料下漏,造成路堤破坏[113]。芬兰的一个木质路堤桩破坏见图 4‑5。

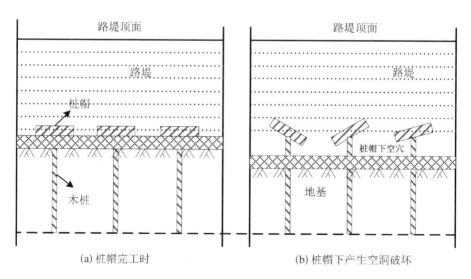

图 4‑5　芬兰无格栅路堤桩破坏示意图

高强度土工格栅出现后，可以在桩帽上铺设一层或多层土工格栅，对上部路堤填料起到提拉作用，由此可以采用较大的桩间距和较小的桩帽。在上部荷载作用下，加筋垫层发生弯曲(图4-6)，土工格栅变形后的形状近似于圆弧形或悬链线。随着土工格栅产生一定的拉伸变形，土工格栅呈现"拉膜效应"，即可以承受一定的法向荷载，一部分荷载通过土工格栅拉力的垂直分量传递到桩体上，减少了软土顶面沉降及传递到堤坝顶面的不均匀沉降。同时，土工格栅与碎石一起形成一个刚性垫层，起到一个横跨桩间软土的作用。

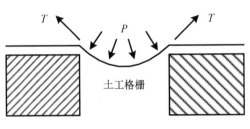

图4-6　土工格栅的拉膜效应

Han[114]通过对13个GRPS路堤的设计置换率进行调研，其数据同样绘于图4-4中。可见，采用土工格栅加筋后，所需置换率远低于Rathmayer所提出的传统桩承式设计标准，且多低于20%。

4.1.3　桩土应力集中

在理想情况下，如果土工格栅加固层为绝对刚性，就不会产生不均匀沉降，加筋材料也不会有拉伸，这时候就没有土拱效应和拉膜效应，但这时候由于桩体材料和土体材料之间的刚度差异，仍然有荷载向桩头集中，即"应力集中效应"。

桩土应力比定义为桩头平均竖向应力与桩间软土表面平均竖向应力之比。桩土应力比是拱效应、拉膜效应、应力集中效应的综合体现，是反映路堤填土、土工格栅加筋垫层、桩、软土共同工作性状的一个重要参数，它的变化直接体现出复合地基承载力和变形的变化。

桩侧阻力与桩端阻力的发挥过程就是桩土体系荷载的传递过程。在桩端平面处，由于附加应力引起下卧层土体压缩，桩端土体发生了变形，从而桩端相对于地基产生刺入变形,该刺入变形是桩端阻力以及桩身下部正摩擦力得以发挥的原因。现场实测也证明了桩端刺入的存在。在桩(帽)顶平面处,由于桩间土的压缩量远远大于桩身的压缩量,因此,桩(帽)顶的沉降小于桩间土的沉降,桩土之间存在沉降差。桩身范围内,桩土相对沉降大小的变化导致桩侧摩阻力方向的变化(图 4 - 7)。在桩顶以下一定深度范围内,桩间土的沉降大于桩的沉降,桩侧作用负摩擦力;在桩端以上一定范围内,桩的沉降大于桩间土的沉降,桩侧作用正摩擦力。在桩与桩间土沉降相等的地方,桩侧摩阻力为零,该点称为中性点。弹塑性有限元分析以及现场实测也发现了这种摩擦力方向变号的现象[115-116]。

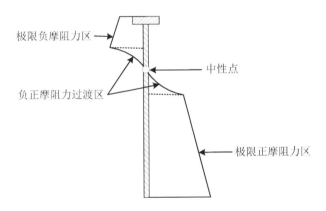

极限负摩阻力区

负正摩阻力过渡区

中性点

极限正摩阻力区

图 4 - 7　桩侧摩阻力沿桩长的分布示意图

综上所述,桩承式加筋路基的荷载传递机理包括以下几个分量:填土的拱效应,土工格栅的拉膜效应或加筋垫层的刚性垫层效应,桩土间刚度差异引起的应力集中。现有的分析方法[117]通常假设产生拱效应所需要土体的变形与土工格栅产生拉力所需要的应变是协调的,采用两步进行分析:第一步,对路堤采用经典土拱理论进行分析,给出作用在土工格栅表面的压力;第二步对土工格栅采用拉膜理论进行分析,根据作用的压力大小,得到土工织物的应变、拉力、弯曲变形。这种方法没有考虑到这些荷载传递分量中存在着耦合作用,比如引起拱效应的差异沉降受到自身拱效应的程度的影响(拱效应决定了作用于软土地基上的压力),差异沉降决定了土工格栅的拉伸变形及产生的拉力等[118]。

4.2 拓宽工程中桩承式加筋路堤三维有限元分析模型

桩承式加筋路堤是一个真三维问题,在三维分析中的拱效应显示为一个支撑在四个桩上的穹(图4-2),而在轴对称分析中,拱效应会表现为支撑在一根桩上的伞状,轴对称分析并不能真实反映其受力特征[107,118]。并且,考虑到路堤拓宽荷载的非轴对称性,以及桩处理平面简化处理的局限性,应进行三维有限元分析。

4.2.1 几何模型及边界条件

地基、路基和路面的几何参数同3.2.1节。如图4-8所示,三维有限元模型中,横断面上(xz方向),以老路中心为对称面,取结构的一半;纵断面上(yz方向),考虑桩(帽)中心两侧以及桩间土中心两侧的对称性,分别取桩帽中心和桩间土中心为对称面进行对称分析。由此,将桩处理地基的问题由三维群桩模型简化为三维单排桩模型,大大简化了计算分析的工作量。其他边界条件同3.2.1节。

分析中桩径取0.4 m,桩长25 m,自原坡脚线起向外布4排,横向桩间距依次为2.5 m、2.5 m、3.0 m,纵向桩间距为3.0 m。桩顶低于地表30 cm,桩顶现浇混凝土桩帽,桩帽为正方形,尺寸为100 cm×100 cm×30 cm。桩帽施工完成后,先摊铺10 cm后碎石,然后在碎石上铺设一层格栅,再摊铺20 cm厚碎石,并在其上铺设一层格栅,完成后再摊铺10 cm厚碎石,碎石垫层总厚度40 cm。另外,由于实际工程中需要进行老路坡脚的

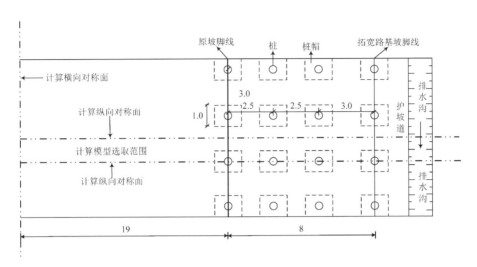

图 4 - 8　三维有限元模型计算范围的简化(xy 平面)(单位：m)

开挖,因此分析中假设两层格栅埋入老路基内 2 m。

4.2.2　材料模型及荷载模型

地基、路基和路面的材料参数同 3.2.2 节。碎石垫层、桩、桩帽及格栅的材料参数列于表 4 - 1 中。另外,在固结分析中,若设桩体及桩帽为透水材料,能较好地得到初始地应力平衡,故此处设桩体及桩帽的渗透系数为 6.2×10^{-12} m/s。

荷载模型与加载历程同 3.2.3 节,整个计算过程共分为 15 个荷载步(step)。

表 4 - 1　材料计算参数

材　料	密度 /(kg·m^{-3})	厚度/mm	弹性模型		Mohr-Coulomb		
			E/MPa	μ	C/kPa	ϕ	Ψ
碎石垫层	2 000	—	6	0.3	10	30	0
桩	2 000	—	30 000	0.2	—	—	—
桩帽	2 000	—	30 000	0.2	—	—	—
土工格栅	2 000	1.2	2 000	0.15			

4.2.3 桩土及筋土接触的处理

在桩承式加筋路堤系统中,涉及土工格栅、桩体(桩帽)以及路基填料等不同结构类型,而桩土、筋土界面的接触摩擦是整个系统协同工作的重要保障,因而在构建有限元分析模型中必须予以充分重视。

Han J 等[107]认为,当整个系统变形较小时,桩土及筋土的界面行为对系统的工作性能影响不甚显著,因此在分析中可简单地处理为完全黏结;而文献[119]在进行分析时在筋土界面设置摩擦,假设桩土之间无相对滑动。

本文在建模过程中,考虑实际工程中褥垫层多选用碎石填料或级配碎石填料,与薄膜状的土工格栅之间的嵌锁作用相当明显,故筋土之间的相对位移较小,为简化模型,不深入研究筋土界面的荷载传递特性,只考虑加筋垫层整体结构在桩承式加筋路堤系统中的工作状态,因此直接将土工格栅作为一层薄膜嵌入到褥垫层结构中,在 ABAQUS 程序中通过 ∗ EMBED ELEMENT 命令予以实现。另外,由于土工格栅深入到老路基内 2 m,采用接触模拟较难实现。

另一方面,由于研究对象为软弱黏土,桩土之间的模量差异较大,且由上述机理分析可知,在桩土之间存在较大的差异沉降,故模型中考虑在桩、土界面采用接触单元予以模拟,摩擦模型采用 2.3.2 节介绍的库仑摩擦模型。

桩土摩擦系数的选取非常复杂,它与桩侧表面粗糙度有关,当破坏面主要由土的抗剪强度控制时,摩擦系数可能较大。一般混凝土桩,对黏性土的摩擦系数为 0.25~0.4;对砂土的摩擦系数为 0.5~1.0[120]。分析中桩土摩擦系数取 0.35。

4.2.4 单元类型及网格划分

由于分析中涉及接触问题,为确保求解的收敛,模型均采用一次单元进行划分。其中,地基、桩及桩帽采用流固耦合单元 C3D8P 进行模拟,路堤及路面结构采用实体单元 C3D8 进行模拟,格栅采用三维薄膜单元 M3D4 进行模拟。

采用结构性网格进行划分,综合考虑计算精度和计算成本的需求,总体网格划分如图 4 - 9(a)所示。

地基的横向(x 方向)单元设置为(图 4 - 9(b)):自老路坡脚桩向内地基等分为 10 个单元;自拓宽路基坡脚桩向外地基共 15 个单元,考虑在桩处

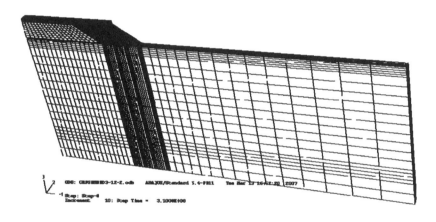

(a)总体网格划分

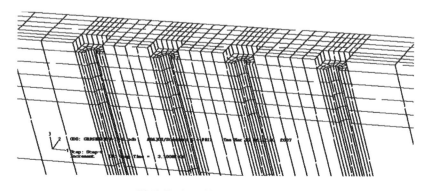

(b)地基顶面网格划分局部放大图

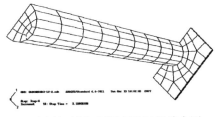
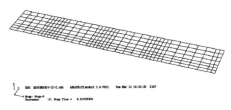

(c)桩（帽）网格划分局部放大图　　(d)土工格栅网格划分局部放大图

图 4-9　三维有限元模型的网格划分

理区域的网格密度需要加强，而地基远端的网格可适当稀疏，故设置临近单元尺寸的比例(BIAOS)为 4;桩间土每 0.5 m 设一单元，故内侧两桩间土各 4 个单元，外侧桩间土为 5 个单元;桩帽范围内设 6 个单元。

地基的纵向(y 方向)单元设置为：桩帽范围内设 3 个单元;桩帽以外的桩间土设 4 个单元。

地基的深度(z 方向)单元设置为：硬壳层、灰色淤泥质粉质黏土层和灰色淤泥质黏土层厚度设 5 个单元，灰色砂质粉土层设 6 个单元，单元尺寸根据桩土的相对位置予以确定(桩端附近加密)。

桩体单元设置为(图 4-9(c))：分析中桩体未作方桩的简化，直接按圆桩处理，故 90°圆弧上至少设置 2 个单元，本分析中为确保计算精度，设置 4 个单元;因桩体模量远高于土体，故桩周设为接触主面，网格密度可较土体粗糙，故桩长方向上等分为 9 个单元。

格栅的网格划分遵从地基及上下路基土的网格划分密度(图 4-9(d))。

路面结构单元设置为：面层和垫层厚度方向(z 方向)等分为 2 个单元，基层厚度方向等分为 4 个单元;路面结构其他方向的单元遵从路基土的网格划分密度。

整个模型共 27 206 个节点，20 974 个单元，其中用户定义单元为 20 012 个，程序生成接触单元为 962 个。求解机器为奔腾双核 CPU 2.66 G、2 G 内存，共耗时 6.9 h。

4.3　桩承式加筋路堤的作用

4.3.1　桩土作用

由图 4‑10 可见,当拓宽路基荷载施加以后,由于桩(帽)向上刺入加筋垫层,桩土之间形成不均匀沉降。提取拓宽路基运营时段的桩帽顶面处桩、土沉降数据,如图 4‑11 和图 4‑12 所示。可见,由于在老路边坡位置

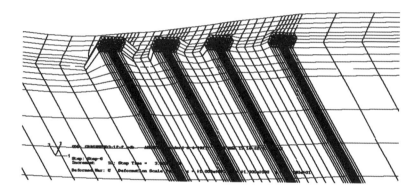

图 4‑10　桩帽上刺形成的桩土不均匀沉降(z 方向放大 20 倍)

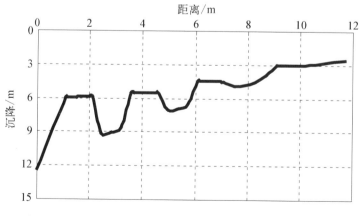

图 4‑11　横断面上桩土之间的不均匀沉降(x 方向)

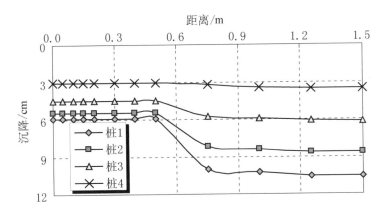

图 4‑12 纵断面上桩土之间的不均匀沉降(y 方向)

的地基未进行处理,内侧桩(桩 1)与桩间土的差异沉降最大,x 方向差异沉降达 6.4 cm,y 方向也有 4.6 cm;而随着拓宽路堤荷载(平行四边形荷载)的减小,外侧桩(桩 2 至桩 4)与桩间土的差异沉降逐渐减小,至最外侧桩(桩 4)仅有 0.5 cm。

图 4‑13 给出了不同桩侧摩阻力的发挥和沿桩长的分布。可见,桩侧摩阻力同图 4‑7 所述一致,呈现"极限负摩阻区"、"负正摩阻力过渡区"和

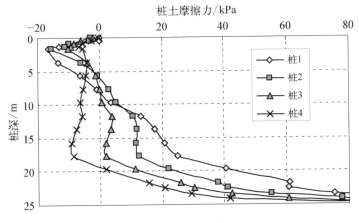

图 4‑13 桩土界面摩擦应力

"极限正摩阻区"三个区域。其中,内侧 3 根桩(桩 1～桩 3)的曲线规律基本相同,中性点出现在桩顶以下 5～7 m 范围内;而拓宽路基坡脚处的桩体(桩 4)的曲线规律则大不相同,其中性点位于桩体下半部。这是由于内侧 3 根桩位于拓宽路基下方,主要承担垂直荷载的作用,而坡脚桩上部的拓宽荷载非常小,其主要功能是限制地基土的侧向位移,承受的主要是侧向荷载。

4.3.2　格栅应力和变形

与常规分析中的假设不同,土工格栅中的应变是不均匀的(图 4-14),桩帽上的土工格栅拉伸变形很小,最大变形发生在桩帽边缘处。相应的格栅中的最大拉力也发生在桩帽边缘(图 4-15 和图 4-16),与文献[107]的分析结果一致。

从位置来看,老路坡脚桩(桩 1)桩帽边缘的格栅应力最大,横向拉应力达到 13.2 MPa(15.8 kN/m),纵向拉应力更是达到 20 MPa(24 kN/m);而随着拓宽公路荷载的减小,外侧 3 根桩桩帽边缘的格栅应力逐渐减小,至拓宽路基坡脚桩,其桩帽边缘的格栅基本无拉膜效应。

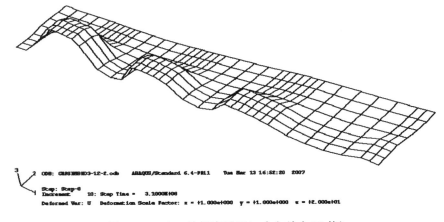

图 4-14　土工格栅变形图(z 方向放大 20 倍)

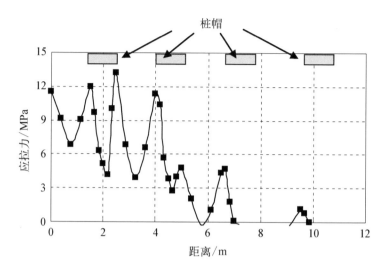

图 4-15 土工格栅横向拉应力分布(x 方向)

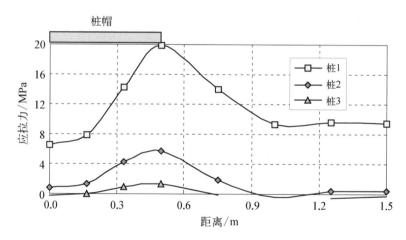

图 4-16 土工格栅纵向拉应力分布(y 方向)

4.3.3 土拱效应

模型中在处理筋土界面时考虑完全连续,将土工格栅 EMBED 进路基碎石褥垫层中,因此格栅上部土体单元的竖向压应力可近似视为上覆路堤填土对格栅加筋层的压力。如图 4-17 所示,在桩间距部分,上覆填土对格

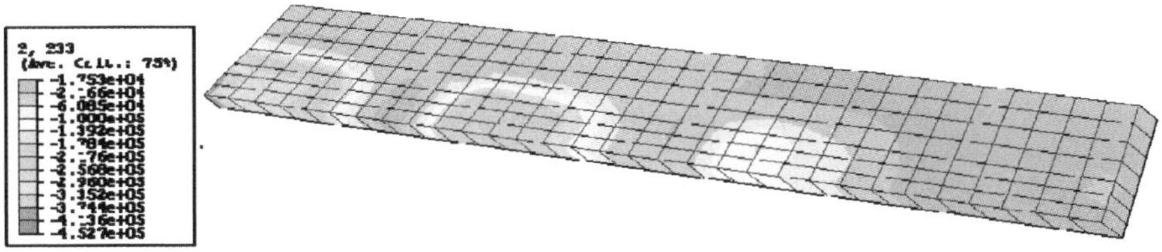

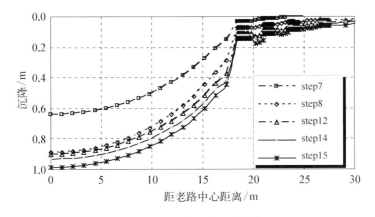

图 4 - 17　上层格栅上覆压力

栅产生的竖向压应力比桩顶部分小,充分体现了上覆填土所形成的土拱效应。以桩 1 为例,两桩之间的压应力平均为 41.5 kPa,而上覆填土荷载为 72 kPa,土拱率为 0.576。

4.3.4　地基沉降及超孔隙水压力

不同荷载步结束后的地表总沉降曲线如图 4 - 18 所示。由于采用桩承式加筋路堤进行处理,当施加拓宽路基荷载后(step8→step12),拓宽路基部分的地基沉降很小;但是算例中老路位置的地基采用天然地基进行计算,老路部分(包括老路边坡位置)的地基仍有较大沉降。

将地表总沉降剔除老路基运营 10 年后的地基总沉降的影响,即得到由于拓宽路基路面而导致的地表沉降,如图 4 - 19 所示。对比拓宽路基未

图 4 - 18　不同荷载步结束后的地表总沉降

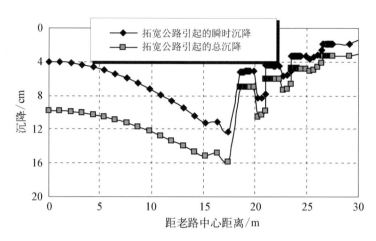

图 4-19　拓宽引起的地表瞬时沉降和总沉降

作处理的情况(图 3-7),新老路基下地表最大不均匀沉降由 50 cm 减小为 8.3 cm,说明该方法在减小路基不均匀沉降方面卓有成效。

但必须看到,由于算例中内侧桩设置在老路坡脚位置,而在路基高度为 4 m 的情况下,拓宽路基荷载将在老路边坡及其以下地基上产生较大的附加应力,导致老路和新老路基结合部产生二次沉降,由图 4-19 可见,在老路坡脚位置的地基总沉降达 16 cm,且老路中心地表的施工沉降达 4 cm、总沉降达 9.8 cm。而我国现行规范[121]在条文说明中提到,当原路基中心附加沉降超过 3 cm,拓宽路基的路拱横坡度增大值超过 0.5%时,路面开裂。

图 4-20 和图 4-21 分别给出了不同荷载步结束后老路坡脚及拓宽路基坡脚处地基侧向变形的沿地基深度方向(z 方向)的分布。

可见,两侧向位移的最大值均出现在距地表下 2～4 m 深处,且由于拓宽路基荷载的施加(step8→step15),老路坡脚处的最大侧向位移增大 2.6 cm,拓宽路基坡脚处的最大侧向位移增大 2.5 cm。对比拓宽路基未作处理的情况(图 3-6、图 3-7),可以看出,采用桩承式加筋路堤进行处理后,老路坡脚及拓宽路基坡脚处地基侧向变形均大为减小,尤其是拓宽路基坡脚处,由于拓宽引起的侧向位移由 10 cm 减小为 2 cm。

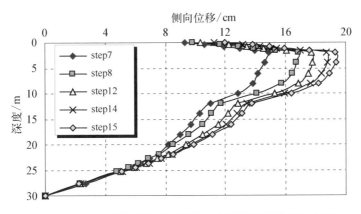

图 5 - 20　不同荷载步结束后的老路基坡脚处地基侧向变形

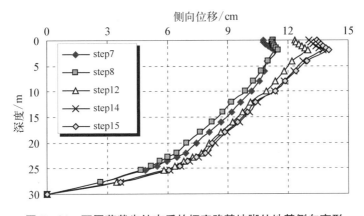

图 5 - 21　不同荷载步结束后的拓宽路基坡脚处地基侧向变形

拓宽路面施工结束后地基内超孔隙水压力的分布如图 4 - 22 所示。可见,地基处理后,由于拓宽路基荷载产生的超孔隙水压力仅为 11 kPa,远小于未处理时的 63.7 kPa(图 3 - 10),说明其施工稳定性得到极大提高。另外,最大超孔隙水压力出现在老路基下较深的软弱土层中,而未处理时出现在老路坡脚处的浅层地基内,表明在拓宽路基下采用的桩体承当了大部分的上覆荷载,而在老路边坡以内未进行地基处理,地基内仍有较大的二次附加应力产生,从而在该部位出现了最大的超孔隙水压力。

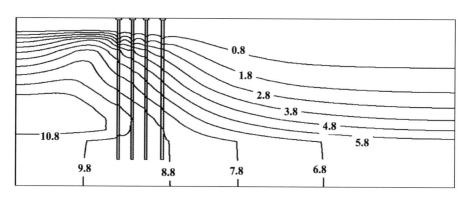

图 4 - 22   拓宽路面施工结束后地基内超孔隙水压力分布(单位: kPa)

4.3.5   路基顶面变形

不同荷载步结束后的老路基顶面变形曲线如图 4 - 23 所示。可见,在路基拓宽之前,老路基顶面的变形呈现"盆形"曲线,但随着拓宽路基、路面荷载的增加,沉降的不均匀性逐渐减小。

将变形数据减去老路路面施工前(老路基堆载预压后)的路基顶面变形数据,得到不同时期老路基顶面的工后变形如图 4 - 24 所示。可见,老路基顶面工后变形的"盆形"曲线逐渐平缓,至拓宽路基运营期间,靠近拓宽

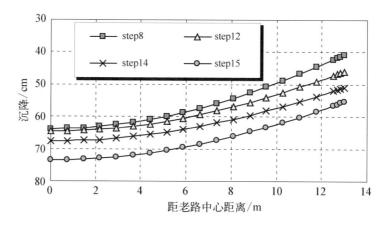

图 4 - 23   不同荷载步结束后的老路基顶面变形

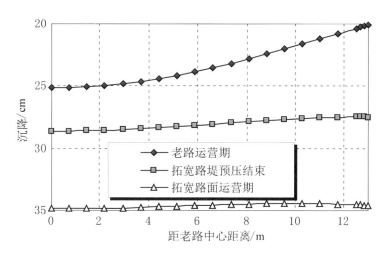

图 4－24　不同时期老路基顶面的工后变形

部分的路基顶面工后变形基本为直线,只有老路中心附近略呈"盆形"。

同样,可得到不同时期拓宽路基顶面的工后变形,如图 4－25 所示。结合图 3－14 可见,在拓宽路基不进行处理时,拓宽路基顶面的变形在靠近老路一侧的变形较小,而远离老路一侧的变形较大;而采用桩承式加筋路堤处理后,明显在拓宽路基范围内(图中 19～21 m)的工后沉降较小,而在老

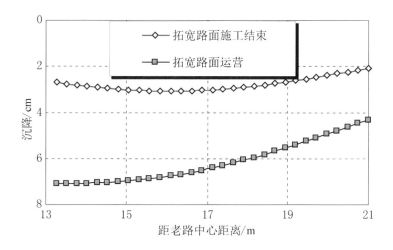

图 4－25　不同时期拓宽路基顶面的工后变形

路边坡以内(图中 13~19 m)的沉降较大。说明拓宽部位的地基处理能较好地减小工后变形,但在未处理的老路边坡以内仍存在 7 cm 左右的工后变形。

4.3.6　路面变形附加应力

由本书第 3 章的分析可知,当拓宽路基未进行处理时,老路基层顶面的应力由新建公路的受压状态逐渐转变为拓宽后的受拉状态。当采用桩承式路堤处理措施后,由图 4-26 可见,由于老路路基顶面的变形始终保持"盆形"曲线,因此老路基层顶面一直为受压状态。只是当拓宽路基荷载施加以后(step12),路基顶面的"盆形"曲线有所平缓后,基层的拉应力较老路运营期间大为减小;而当拓宽路面施加并投入运营后(step15),与拓宽基层连为整体后的老路基层受拓宽路面应力状态的影响,压应力有所反弹,并且在结合部表现最为明显。

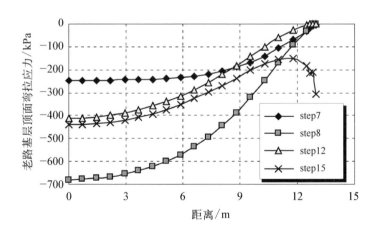

图 4-26　不同荷载步结束后的老路基层顶面弯拉应力

不同荷载步结束后新、老路面基层底面的弯拉应力如图 4-27 所示。可见,既有基层底面的弯拉应力随着拓宽公路荷载的增加,逐渐减小,这对老路的路面结构是有利的;而拓宽基层底面的弯拉应力则达到 0.35 MPa,

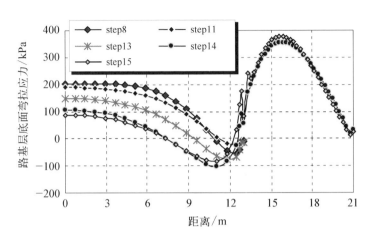

图 4‐27　不同荷载步结束后的基层底面弯拉应力

且随着运营时间的增加基本保持不变,说明采用桩承式加筋路堤处理后,地基沉降和路基变形在短期内基本趋于稳定,由于工后沉降导致的拓宽路面变形附加应力较小。

另一方面,拓宽基层的弯拉应力能达到 0.35 MPa,接近于半刚性基层容许弯拉应力 0.50 MPa 的 70%,可见由于拓宽路面荷载而引起的路基不均匀沉降也是比较严重的;就最大弯拉应力的位置而言,出现在距老路中心 16 m 处,结合图 4‐19 可以看出,该处正是地基不均匀沉降最大的位置。说明,在路堤较高的情况下,老路边坡范围内的地基处理相当重要,否则可能在此位置出现局部范围较大的不均匀沉降,从而导致拓宽路面基层底面的弯拉开裂。

4.4　本章小结

(1)桩承式加筋路堤由刚性桩、桩托板(桩帽)、水平加筋体、垫层和其他填料共同组成,其荷载传递机理包括填土的拱效应、格栅的拉膜效应或加筋垫层的刚性垫层效应,以及桩土间刚度差异引起的应力集中。

(2) 传统分析方法难以实现工作系统中荷载传递机理的耦合作用,考虑桩处理平面简化的局限性,以及路堤拓宽荷载的非轴对称性,可采用三维有限元模拟软土地基高速公路桩承式加筋路堤的应用机理和效果。

(3) 本文所建立的三维有限元模型,地基和桩体采用流固耦合单元 C3D8P 进行模拟,路堤和路面结构采用实体单元 C3D8 进行模拟,格栅采用三维薄膜单元 M3D4 进行模拟,格栅和路基填土单元间作完全结合处理,桩、土单元之间设置接触摩擦单元。

(4) 土工格栅最大变形和最大拉力发生在桩帽边缘处,且老路坡脚桩桩帽边缘的格栅应力最大;而随着拓宽公路荷载的减小,外侧桩帽边缘的格栅应力逐渐减小,至拓宽路基坡脚桩,其桩帽边缘的格栅基本无拉膜效应。

(5) 采用桩承式加筋路堤处理后,新老路基下地表最大不均匀沉降由 50 cm 减小为 8.3 cm,超孔隙水压力由 63.7 kPa 下降为 11 kPa,说明该方法在减小路基不均匀沉降、提高拓宽路堤稳定性等方面卓有成效。

(6) 由于采用桩承式路堤处理,路基拓宽之前老路基顶面所呈现的"盆形"曲线,随着拓宽路基、路面荷载的增加,基本形态不变,仅其不均匀性逐渐减小;由此老路基层顶面一直为受压状态,避免了天然地基时老路基层顶面开裂的损坏现象。

(7) 在路堤较高的情况下,老路边坡范围内的地基处理相当重要,否则可能在此位置出现局部范围较大的不均匀沉降,从而导致拓宽路面基层底面的弯拉开裂。

第5章

桩承式加筋路堤设计参数的敏感性及其优化

如前所述,桩承式加筋路堤是一个较为复杂的工作系统,其工作机理包括土拱效应、格栅拉膜效应和桩土作用等。因此,桩承式加筋路堤的设计参数较多,包括填土高度、填料类型、格栅材料和布设位置、布桩方式、桩间距、桩长及桩帽尺寸等。如何经济合理地确定该工作系统的设计参数,确保拓宽工程的处理效果,是实际工程中必须解决的关键技术问题之一。

本章应用已建立的三维非线性有限元分析平台,通过考察桩土应力比、桩土摩擦、地基沉降、桩土差异沉降、格栅应力、路基顶面变形和路面应力等工程响应,对路堤高度、横断面布桩方式、桩长、纵向桩间距等主要设计参数进行敏感性分析,并初步提出一些设计优化的建议,从而为实体工程的合理设计提供依据。

5.1 路基高度

路基高度是影响软土地基高速公路拓宽工程性状、决定处理措施力度最为重要的因素之一。本文取路基高度为 2 m、3 m、4 m、5 m 这 4 种典型工况,分析比较桩承式加筋路堤工作系统的效果。

5.1.1 桩土应力比

不同路基高度下桩土应力比绘于图 5－1 中。桩 1 应力比为 23.5～26.5,桩 2 应力比为 13.9～16.9,桩 3 应力比为 11.0～12.4,桩 4 应力比为 1.1～2.0。

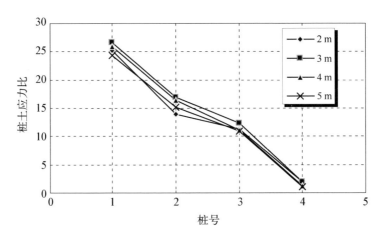

图 5－1　不同路基高度时的桩土应力比

可见,不同路堤高度下的横断面桩土应力比变化趋势基本相同,即内侧桩的桩土应力比最大,向外逐渐减小,至最外侧基本上趋近于 1。但是,对于路基拓宽这一特殊工程条件,上覆荷载并非均布荷载,且老路坡脚以内并未布桩,并未出现明显的桩土应力比随路基高度增加而增大的特征[107]。说明,内侧桩对于承担上覆荷载、减小地基沉降的贡献较大,而外侧桩的贡献较小,至拓宽路基坡脚桩时,其主要作用是限制侧向位移。因此,横断面布桩时,可考虑选择"内密外疏"的桩间距设计。

5.1.2 地表沉降

不同路基高度下拓宽引起的总沉降、施工沉降以及工后沉降分别绘于

图 5 - 2—图 5 - 4 中。

可见,随着路堤高度的提升,公路拓宽所产生的地表总沉降在逐渐增大,其不均匀沉降也逐渐增大;对于老路地表以及新老路基结合部地表,这一趋势在施工阶段以及运营阶段均较明显;对于拓宽部分的地表,由于采取桩承式加筋路堤处理,这一趋势在仅施工阶段较为明显,而运营阶段则不甚显著,

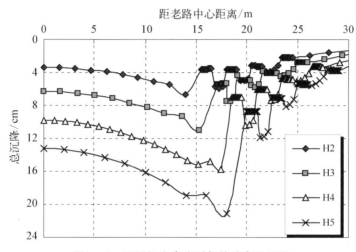

图 5 - 2 不同拓宽高度引起的地表总沉降

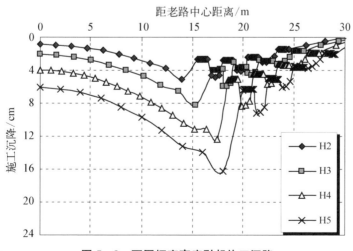

图 5 - 3 不同拓宽高度引起施工沉降

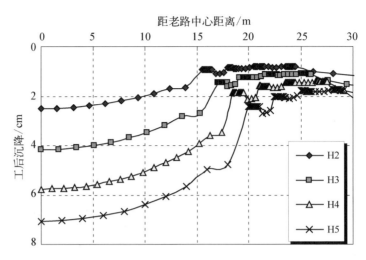

图 5‑4　不同拓宽高度引起的工后沉降

其工后沉降大多控制在 2 cm 以内,说明其沉降大多在施工期间完成。

5.1.3　格栅应力

不同路基高度下两层格栅的拉应力分别如图 5‑5 和图 5‑6 所示。可以看出:两层格栅横向(x 方向)和纵向(y 方向)的拉应力均随着路基高度的增加而增加;在路基高度由 3 m 增加为 4 m 时,格栅的拉应力增幅最大。

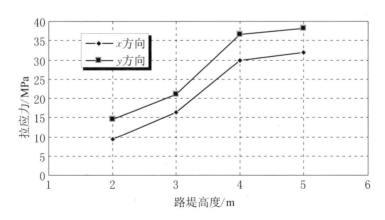

图 5‑5　第一层格栅的最大拉应力

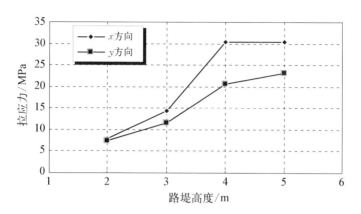

图 5 - 6　第二层格栅的最大拉应力

如本文第 4 章所述,格栅最大拉应力发生在老路坡脚桩(桩 1)桩帽边缘处,说明不均匀沉降,包括桩土差异沉降和新老路基不均匀沉降,随着路基高度的增加而增加,从而导致了格栅应力的逐渐增大。

5.1.4　路基顶面变形

路基顶面纵向的不均匀沉降反映了路基土抵抗桩土不均匀沉降的能力,若不均匀沉降太大,则表现为路基顶面出现"蘑菇"状突起(图 4 - 3)。不同路堤高度下,桩体位置路基顶面纵向不均匀沉降如图 5 - 7 所示。可

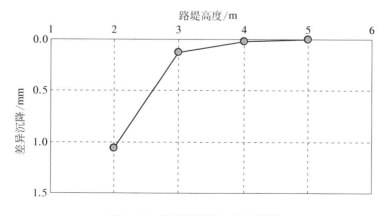

图 5 - 7　路堤顶面纵向差异沉降

见,不均匀沉降随着路基高度的增加而急剧减小,直至趋近于0,这是由于随着路基高度的增加,桩顶以上的土拱效应逐渐增强。应用"等沉面"的概念,在进行桩承式路堤的设计时,应尽量保证等沉面在路基顶面以下。另外,分析中仅考虑了路基路面自身荷载产生的不均匀沉降,尚未考虑行车荷载作用对不均匀沉降的进一步加剧。因此,就分析案例中的桩间距、桩帽尺寸及填土材料而言,在设计中桩顶上覆路基高度不宜小于2m。

不同路基高度下,以拓宽路面外侧边缘沉降为0计,拓宽路基顶面的不均匀沉降曲线汇总于图5-8中。可见,由于在老路边坡内侧位置未进行地基处理,随着路基高度的增加,老路边坡上的上覆拓宽荷载逐渐增加,故靠近老路边坡一侧的不均匀沉降逐渐增大。并且,当路堤高度由2m增加到3m时,不均匀沉降的增幅最大;路堤高度4m和5m时的不均匀沉降量变化不大。

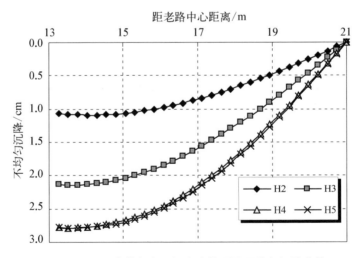

图5-8 不同路基高度下拓宽路基顶面不均匀沉降曲线

5.1.5 路面应力

由本文第5章分析可知,对于桩承式加筋路堤处理拓宽工程而言,损坏模式为拓宽路面基层底面的弯拉开裂,故提取不同路基高度下拓宽基层底面的最大弯拉应力,如图 5-9 所示。可见,当路基高度由 2 m 增加到 4 m 时,弯拉应力逐渐增大,达到 0.398 MPa。基层结构在行车荷载作用下的底部弯拉应力为 0.1 MPa 左右,因此当变形附加应力达到 0.4 MPa 时,基层底面弯拉应力已超过结构的弯拉强度。

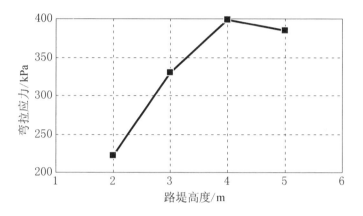

图 5-9　拓宽基层底面弯拉应力

由于拓宽路面对不均匀沉降较为敏感,而老路边坡位置以及新、老地基交接处易导致较大的不均匀变形,故应对该位置进行合理的地基处理设计。就桩承式加筋路堤而言,结合图 5-9 可以看出,应在路堤高度大于 3 m 时,在老路边坡位置增设布桩。

5.2　路基横断面布桩方式

本文中,路基横断面布桩方式主要指是否在老路边坡位置进行布桩。此处以路堤高度 4 m 为例,分析老路边坡位置进行处理(5 桩)和未进行处理(4 桩)的工程性状差异。在实际工程实践中,老路边坡位置的布桩一般结合老路边坡的开挖进行,即在老路开挖形成的台阶上进行钻孔灌注桩的施工,其桩顶一般高于地表平面,设计时必须保证一定的覆土厚度,以防止土拱效应的不足而产生的"蘑菇状"突起。本文为简化模型,将该处的桩顶设为地表平面,桩型及桩帽等同于拓宽地基处理的桩体,且距老路坡脚桩间距为 2.5 m。

5.2.1 桩土应力比

不同布桩方式的桩土应力比如图 5-10 所示。其中,老路边坡位置增设的桩号以 0 表示。可见,增设桩的桩土应力比最大,而坡脚桩相对于布设 4 桩时略有减小。结合图 5-1 可以看出,在路基拓宽工程中,对桩土应力比影响最显著的因素是桩的布设位置,最内侧桩由于承受较大范围内的上覆荷载,故其贡献较大,而外侧各桩由于相邻桩的荷载分担作用,以及上覆路基高度的减小,桩土应力比逐渐减小。

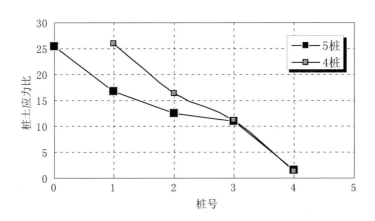

图 5-10 不同横向布桩方式的桩土应力比比较

5.2.2 地表沉降

不同布桩方式时拓宽引起的总沉降、施工沉降以及工后沉降分别绘于图 5-11—图 5-13 中。

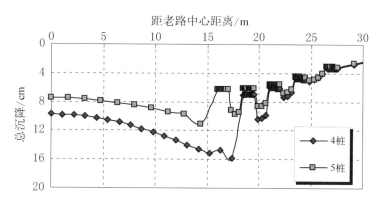

图 5‑11　不同横向布桩方式时的地表总沉降

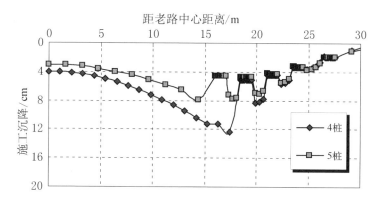

图 5‑12　不同横向布桩方式时的地表施工沉降

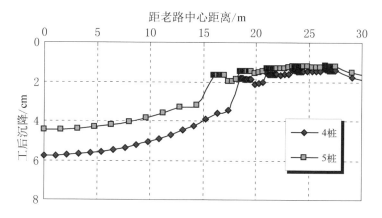

图 5‑13　不同横向布桩方式时的地表工后沉降

表明,在老路边坡位置增设桩体后,一方面显著减小了老路边坡位置的沉降,另一方面分担了部分传至老路地基的上覆荷载,从而减小了老路地基的二次沉降,故总体不均匀沉降大为减小。

5.2.3 格栅应力

不同布桩方式上、下两层格栅的横向拉应力分布如图 5‑14 所示。由于在桩承式加筋拓宽路基工程中,格栅的应力发挥主要取决于两种类型的不均匀沉降,包括桩土之间的不均匀沉降和新老路基之间的不均匀沉降。

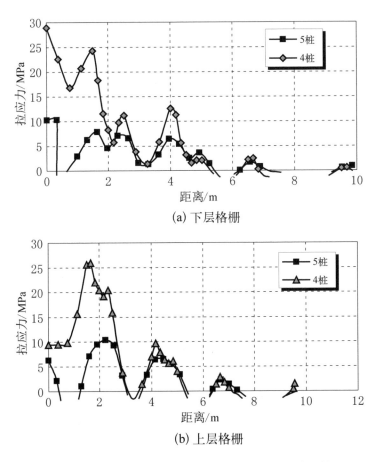

(a) 下层格栅

(b) 上层格栅

图 5‑14　不同横向布桩方式时格栅横向拉应力的比较

当在老路边坡范围内布桩后,减小了该范围内的新老路基不均匀沉降,因此两层格栅横向的拉应力均大大减小,尤其是老路边坡开挖后而铺设于原老路边坡的部分(图中 0~2 m 范围)。

5.2.4 路基顶面变形

由于公路拓宽引起的老路基顶面的不均匀变形如图 5-15 所示。横向布设 5 桩时,路面施工后导致的老路基顶面不均匀变形为 4.28 cm,导致的老路横坡改变量为 0.33%,不均匀沉降较 4 桩时减少了 1.8 cm,横坡改变量较 4 桩时减小了 0.14%;随着拓宽路面的运营,由于老路地基未进行地基处理,其中心位置沉降大于边坡位置,故两种布桩方式的老路地基顶面不均匀沉降均有所减小,但 5 桩时的不均匀沉降仍明显小于 4 桩。

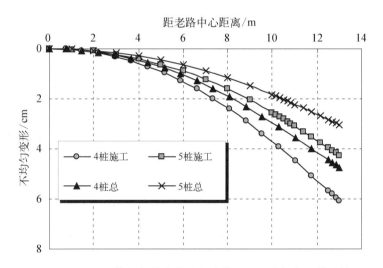

图 5-15 不同横向布桩方式时老路基顶面不均匀变形的比较

由于公路拓宽引起的拓宽路基顶面的施工不均匀变形如图 5-16 所示。可见,在施加拓宽路面荷载以后,路基顶面的沉降显示出较小的"盆形"曲线,其中,5 桩时的盆形曲线稍显平缓;当投入运营以后,由于老路未进行地基处理以及拓宽荷载梯形的平面特征,沉降显示出内侧大、外侧小

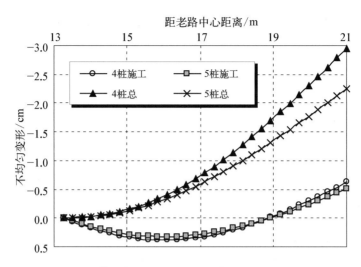

图 5‑16　不同横向布桩方式时拓宽路基顶面不均匀变形的比较

的形状,且 4 桩时更为明显。

5.2.5　路面应力

不同布桩方式拓宽基层底面弯拉应力分布如图 5‑17 所示。可见,当在老路边坡位置进行地基处理后,其拓宽路面基层底面的最大弯拉应力为 304 kPa,相比于未进行处理时的弯拉应力 376 kPa,减小了 19%,较好地提

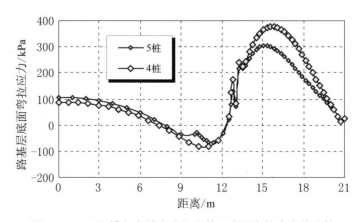

图 5‑17　不同横向布桩方式拓宽基层底面弯拉应力的比较

高了拓宽路面的结构性能。因此,拓宽工程中地基处理横断面的布桩方式,尤其是对老路边坡位置的相应处理,是保证拓宽工程质量的重要因素。

5.3　桩　　长

桩长是桩承式加筋路堤最重要的设计参数之一。总体而言,桩体应尽量穿透软弱土层、支撑于承载能力较强的土层中,从而将上部荷载更好地向下传递,减小沉降及不均匀沉降。但在一些软土深厚地区,若要全部穿透软弱土层,桩长可能高达 30~50 m,总体工程造价太高。因此,本文就桩体未穿透软弱土层,分析桩长为 15 m、20 m 和 25 m 三种情况下,桩承式加筋路堤的整体处理效果。

5.3.1　桩土摩擦

将不同桩长时老路地基位置的桩土摩擦力沿桩长分布进行归一化处理,绘于图 5‐18 中。可见,当桩长减小时,中性点位置明显上移,桩侧负摩阻力区域减小。

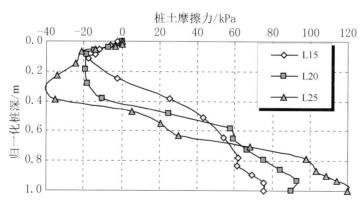

图 5‐18　不同桩长情况下桩土摩擦沿桩长的分布

5.3.2 地表沉降

如图 5 - 19—图 5 - 21 所示,地表的总沉降、施工沉降以及工后沉降均随着桩长的减小而增大,而桩土之间的差异沉降却随着桩长的减小而减小。表明,随着桩长的减小、桩端下卧软土层厚度的增大,桩承式加筋路堤

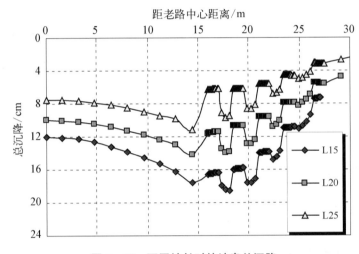

图 5 - 19　不同桩长时的地表总沉降

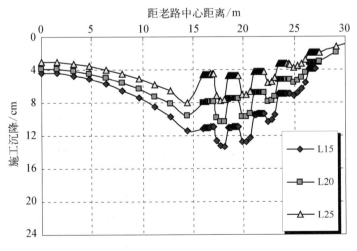

图 5 - 20　不同桩长时的地表施工沉降

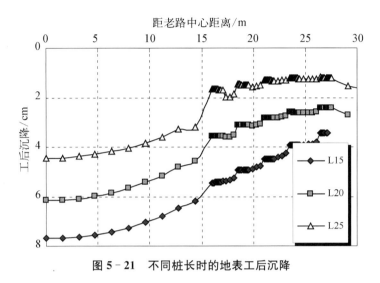

图 5 - 21　不同桩长时的地表工后沉降

控制地基沉降的效果逐渐减小。另外,从图 5 - 21 可以看出,当桩长为 15 m 时,老路坡脚位置的地表工后沉降达到 5 cm,老路中心的地表工后沉降接近8 cm,说明当桩长较小时,下卧软土层的工后固结沉降不可忽视,桩承式加筋路堤适应快速施工的优点也难以体现。

5.3.3　路基顶面变形

不同桩长情况下,老路基顶面的施工不均匀变形和总不均匀变形分别如图 5 - 22 和图 5 - 23 所示。当桩长为 15 m、20 m 和 25 m 时,老路顶面的横坡改变量均在路面竣工时最大,其数值分别为 0.47%、0.39% 和 0.23%。因此,应根据工程实际情况,采取足够的桩长,以保障拓宽工程施工时既有公路的行车舒适及安全。

不同桩长情况下,拓宽路基顶面的施工不均匀变形,以及总不均匀变形分别如图 5 - 24 和图 5 - 25 所示。可见,对于拓宽路基部分而言,在 3 种桩长情况下,总体不均匀沉降都较小,最大值为 15 m 桩长情况下的总不均匀沉降,其值也未超过 2.5 cm,横坡改变量为 0.31%,说明并未导致拓宽路面反坡现象的出现。

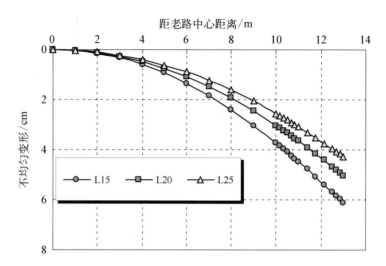

图 5‑22　不同桩长时老路基顶面施工不均匀变形的比较

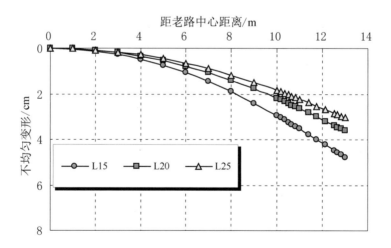

图 5‑23　不同桩长时老路基顶面总不均匀变形的比较

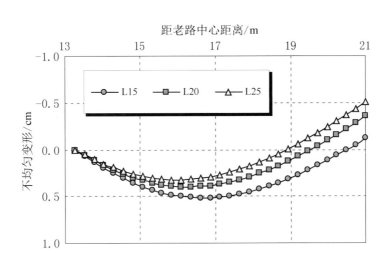

图 5‑24　不同桩长时拓宽路基顶面施工不均匀变形的比较

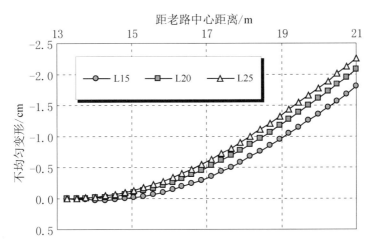

图 5‑25　不同桩长时拓宽路基顶面总不均匀变形的比较

5.3.4　路面应力

不同桩长时拓宽路面的弯拉应力分布如图 5‑26 所示。当桩长为 15 m、20 m 和 25 m 时,拓宽基层底面的最大弯拉应力均出现在路面结构竣工时,其数值分别为 327 kPa、324 kPa 和 309 kPa。表明,由于拓宽基层的

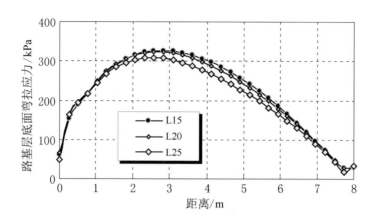

图 5‑26 不同桩长时拓宽基层底面弯拉应力的比较

弯拉应力主要是由于路面施工所产生的不均匀沉降(图 5‑24)所导致,故在正常的设计参数范围内,增加桩长对减小拓宽基层底面的弯拉应力贡献非常有限;另一方面,桩长为 25 m 时桩基本上接近持力层,此时基层弯拉应力要较其他桩长时减小趋势明显,因此从工程可靠性的角度出发,桩长以穿透软土层为宜。

5.4 路基纵向桩间距

在桩承式加筋路堤系统中,桩间距和桩帽尺寸是影响桩体置换率的两个因素。当桩间距较小时,可选择较小的桩帽尺寸;而在桩间距较大时,可选择增大桩帽尺寸的方法以达到相近的处理效果。前述路基横断面的布桩方式分析中,已表明在横断面设计中可考虑内密外疏的桩间距选择方法。故本文在分析桩间距的敏感性时,将桩帽尺寸设为定值(1 m×1 m×0.3 m)、横向布桩方式同前,分析中仅考虑采纵向桩间距选取 2 m、3 m、4 m、5 m 等几种情况。

5.4.1　地表沉降

不同桩间距情况下,地表的总沉降、施工沉降以及工后沉降分别绘于图 5 - 27—图 5 - 29 中,3 个沉降指标均随着桩间距的增大而增大。并且,图5 - 27 表明横向桩土之间的工后差异沉降对纵向桩间距的变化同样较为敏感。

考虑纵向桩间距的变化应对纵向的桩土差异沉降影响更为显著,故提

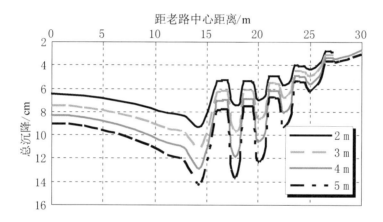

图 5 - 27　不同桩间距时的地表总沉降

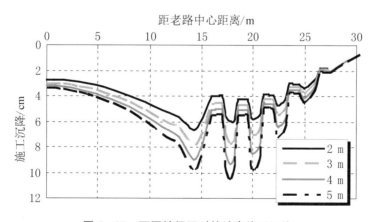

图 5 - 28　不同桩间距时的地表施工沉降

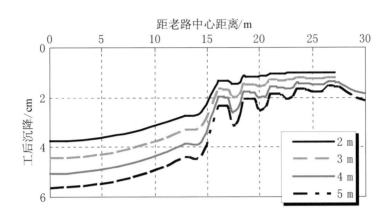

图 5-29　不同桩间距时的地表工后沉降

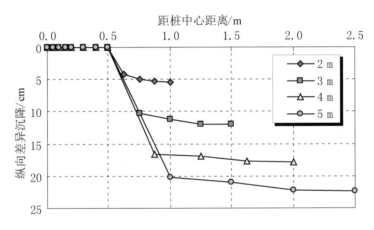

图 5-30　纵向桩土差异沉降

取最内侧桩的纵向桩土沉降曲线如图 5-30 所示。

可见,当纵向桩间距为 2 m 时,桩土之间的差异沉降仅为 5 cm;桩间距为 3 m 时,桩土之间的差异沉降超过 10 cm;桩间距继续增加到 5 m 时,桩土差异沉降已超过 20 cm。

当桩土之间差异沉降较大时,设置一定厚度的碎石褥垫层,并充分发挥其流动补偿作用,防止桩帽下形成空洞,是保障系统协同工作的重点。从通常褥垫层厚度为 10 cm 的角度而言,桩间距不宜大于 3 m。

5.4.2　格栅应力

不同桩间距时底层和上层格栅的拉应力分布分别如图 5‑31 和图 5‑32 所示。表明,随着桩间距的增大,桩土差异沉降和新老地基差异沉降逐渐增大,导致两层格栅的横向和纵向拉应力均显著增大,最大值已达到 20 MPa;但与此同时,格栅应力的增大也在一定程度上对差异沉降有一定的抑制作用。

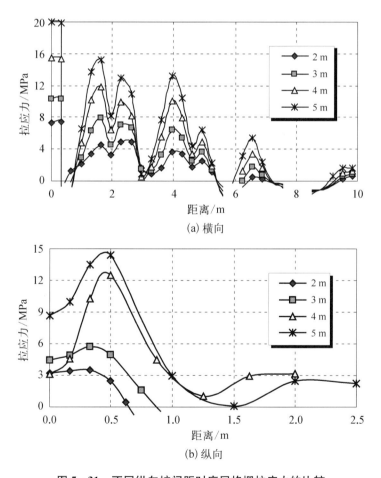

(a) 横向

(b) 纵向

图 5‑31　不同纵向桩间距时底层格栅拉应力的比较

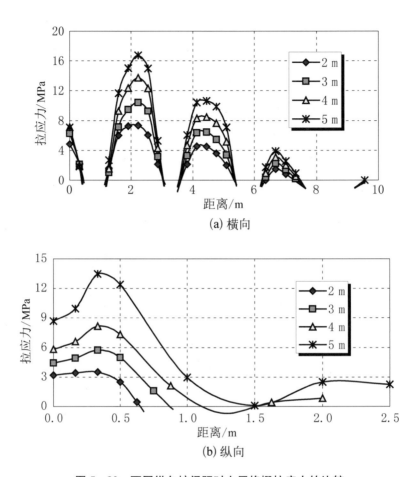

(a) 横向

(b) 纵向

图 5-32 不同纵向桩间距时上层格栅拉应力的比较

5.4.3 路基顶面变形

老路基顶面施工不均匀变形如图 5-33 所示。当桩间距为 2 m、3 m、4 m 和 5 m 时,老路顶面的不均匀沉降分别为 3.63 cm、4.28 cm、4.83 cm 和 5.30 cm,横坡改变量分别为 0.28%、0.33%、0.37% 和 0.40%,均小于 0.50%。

拓宽路基顶面工后不均匀变形如图 5-34 所示。由于上覆填土的土拱效应和格栅的拉膜效应,虽然几种间距情况下的桩土差异沉降相差较大,

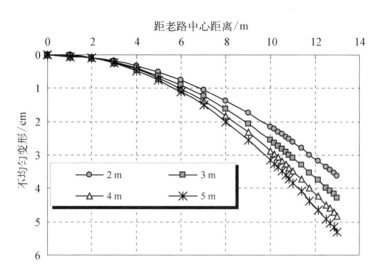

图 5‐33　不同桩间距时老路基顶面施工不均匀变形

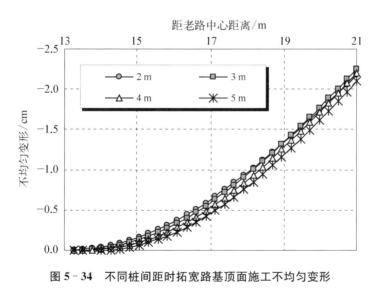

图 5‐34　不同桩间距时拓宽路基顶面施工不均匀变形

但路堤顶面工后的不均匀沉降较为接近,均小于 2.5 cm;在曲线形态方面,桩间距较小时曲线稍显平缓,而桩间距增大后的曲线"盆状"特征更为明显。

5.4.4　路面应力

拓宽基层底面弯拉应力分布如图 5‐35 所示。随着桩间距的增大,拓宽基层底面弯拉应力逐渐增大,当桩间距由 2 m 增大到 3m 时尤为明显(弯拉应力由 291 kPa 增大为 309 kPa,增幅为 6.2%)。

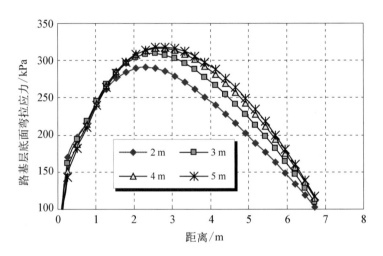

图 5‐35　不同桩间距时拓宽基层的底面弯拉应力

5.5　设计优化的建议

通过上述数值模拟与参数敏感性分析,提出桩承式加筋路堤设计优化的建议如下:

(1)路基横断面上,自老路坡脚桩至拓宽路基坡脚桩,对于承担上覆荷载、减小地基沉降的贡献逐渐减小,故横断面可采取"内密外疏"的布桩方式。

(2)在路基拓宽工程中,土工格栅不仅能减小桩土之间的差异沉降,而且在抑制新老路基不均匀沉降方面发挥着一定功效,因此在桩承式加筋路堤的设计中,应结合老路台阶的开挖,尽量将土工格栅布设于老路边坡以内。

(3) 在路堤高度超过 3 m 时,为避免老路边坡位置的地基产生显著的不均匀沉降,宜结合老路边坡台阶的开挖,在老路地基处布设桩基。

(4) 为减小下卧软土层的工后沉降,适应快速施工的要求,并保障拓宽工程施工时既有公路的行车舒适及安全,应选择足够的桩长。桩长以穿透软土层为宜。

(5) 虽然高强度土工格栅可以发挥拉膜效应,对上部路堤填料起到提拉作用,防止桩帽下面形成空洞而产生破坏,但在桩间距较大时(超过 2～3 m),桩土差异沉降仍较为显著,故需要设置一定厚度的碎石垫层,充分发挥其流动补偿作用。

(6) 桩间距对桩土差异沉降、老路基工后沉降、格栅应力、路面结构变形附加应力均具有显著影响。综合各因素的要求,在上海等深厚软土地区,桩间距以不大于 3 m 为宜,可根据路基高度的增大而逐渐加密。

5.6　本　章　小　结

本章对路基拓宽工程中桩承式加筋路堤系统的典型设计参数进行了详细分析,包括路基高度、横断面布桩方式、桩长和纵向桩间距,并据此简要提出了设计优化的建议:

(1) 路基横断面上,自老路坡脚桩至拓宽路基坡脚桩,对于承担上覆荷载、减小地基沉降的贡献逐渐减小,故横断面可采取"内密外疏"的布桩方式。

(2) 在路堤高度超过 3 m 时,老路边坡位置的地基产生显著的不均匀沉降,因此可结合老路边坡台阶的开挖,在老路地基处布设钻孔灌注桩。

（3）路基顶面的不均匀沉降随着路基高度的增加而急剧减小。为充分发挥土拱效应而避免路面在桩顶位置出现"蘑菇状"突起，应尽量保证等沉面在路基顶面以下，就本文分析案例而言，桩顶上覆路基高度不宜小于2 m。

（4）土工格栅不仅能减小桩土之间的差异沉降，而且在抑制新老路基不均匀沉降方面发挥着一定功效，因此应结合老路台阶的开挖，尽量将土工格栅布设于老路边坡以内。

（5）当桩长为15 m时，老路坡脚位置的地表工后沉降达到5 cm，老路中心的地表工后沉降接近8 cm，说明当桩长较小时，桩承式加筋路堤适应快速施工的优点难以体现；另外，拓宽路基施工中老路顶面的横坡改变量达到0.47%，严重影响了老路的服务性能。因此，应根据地质条件选择足够的桩长，桩长以穿透软土层为宜。

（6）当纵向桩间距为2 m时，桩土之间的差异沉降为5 cm；桩间距为3 m时，桩土之间的差异沉降超过10 cm；桩间距为5 m时，桩土差异沉降已超过20 cm。因此，为防止桩帽下面形成空洞而产生破坏，需要设置一定厚度的碎石垫层，并充分发挥其流动补偿作用。

（7）桩间距对桩土差异沉降、老路基工后沉降、格栅应力、路面结构变形附加应力均具有显著影响。综合各因素的要求，在上海等深厚软土地区，桩间距以不大于3 m为宜，可根据路基高度的增大而逐渐加密。

第6章

试验路实施与效果评价

本文在分析软土地区高速公路拓宽工程性状的基础上,重点对桩承式加筋路堤的应用机理和设计参数进行了研究。为检验其实际工程应用效果,验证数值分析的合理性,本章介绍沪宁高速公路(上海段)拓宽改建工程现场试验路的设计、实施、跟踪观测、数据分析与效果评价,并与 EPS 处治措施的效果进行比较。

6.1 试验路概况

沪宁高速公路是上海至成都(沪蓉线)国道主干线的组成部分,原设计车速 120 km/h,建设规模为双向 4 车道。1996 年建成通车以来,年交通量持续两位数增长,并已达到 C 级服务水平。为显著提高道路的服务水平,满足日益增长的交通运输需求,适应区域社会经济发展的需要,上海市人民政府决定对沪宁高速公路(上海段)(以下简称 A11)实施扩建。除西吴淞江大桥和跨沪杭铁路桥采用分离式外,其余路段均采用拼接式方案,长约 21.37 km。工程范围内平均路堤高度为 4.5 m,一般在 4~5 m,最高为 7 m 左右,最低为1.9 m。原路基处于中湿或干燥状态,大部分属干燥状态。

结合工程本身的特点和要求,为保证 A11 拓宽扩建工程的设计和施工在实践总结中得到不断优化与完善,在沙河港桥附近先期实施了长约 500 m 的先导段工程,并按处理方案和施工区段分为Ⅰ区、Ⅱ区和Ⅲ区。根据勘察报告,各区地基土层剖面图分别如图 6-1—图 6-3。该区域为古河道沉积区,土层分布特点如下:表层为松散填土,②₁ 层黄色粉质黏土仅个别地段出露,②₃ 层灰色砂质粉土,③ 层厚度基本上均较薄,④ 层灰色淤泥质黏土、⑤₁ 层灰色黏土、⑤₄₂ 层灰绿色砂质粉土分布较稳定。该区段上部②₃ 层灰色砂质粉土为良好的排水通道,③ 层、④ 层为主要软弱下卧层,一般厚度为 7~10 m。

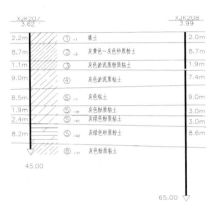

图 6-1　Ⅰ区地质剖面图

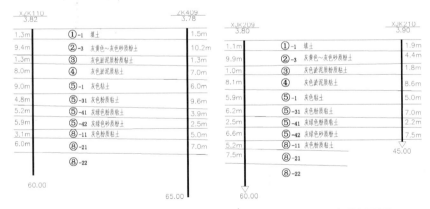

图 6-2　Ⅱ区地质剖面图　　　　　图 6-3　Ⅲ区地质剖面图

6.2　试验路处理方案设计

A11 公路经过近 10 年的运营,拓宽改建的主要技术难点在于保证新老路堤整体结合、不能影响既有路基的稳定、控制新老路基差异沉降,并充分考虑沿线电力、通讯管线、天然气管道的安全。

根据既有路堤情况、工程地质情况,各路段选用不同的地基处理方案。

(1) Ⅰ区、Ⅲ区主要采用预应力管桩方法处理,既有路基边坡范围内地基采用钻孔灌注桩处理(图 6-4)。

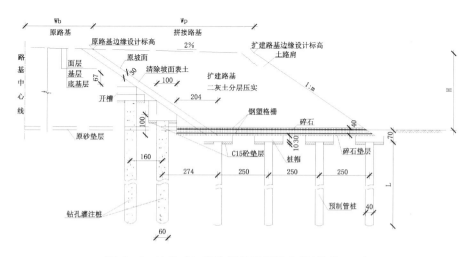

图 6-4　桩承式加筋路堤处理设计方案(单位: cm)

① 预应力管桩实施前地表先进行≥30 cm 厚清表处理,确保清除地表植被根系(图 6-5)。② 开挖第一级台阶后,进行回填前碾压,再回填夯实、碾压至原地表,压实度(重型)≥87%;若地面潮湿,原地表碾压难以达到要求时,再向下翻松 25 cm,掺 6.0%的石灰拌和并碾压,压实度(重型)≥87%(图 6-6 和图 6-7)。③ 预应力管桩沉桩施工(图 6-8),其桩顶一般低于清表、夯实、整平后的地表 25 cm。④ 沉桩完成后,在桩顶地表开 30 cm 深的槽现浇混凝土桩帽,采用 C25 混凝土现浇,桩帽通过桩塞混凝土与管桩连接,桩身嵌入桩帽 5 cm(图 6-9)。其中桥头处理段将台背后 4 排预应力管桩桩帽纵向连成整体。⑤ 铺筑第一层 10 cm 碎石,推土机整平,碎石缝隙用石屑填充,以激振力 200 kN 以上的振动压路机先稳定 1~2 遍,再振压 3~4 遍。

⑥ 铺筑钢塑格栅,钢塑格栅与其下面的碎石垫层贴合紧密平整(图 6 - 10)。

⑦ 铺筑第二层 20 cm 碎石与第二层钢塑格栅。⑧ 铺筑第三层 10 cm 碎石,上部填土采用石灰土和二灰土。⑨ 结合老路边坡开挖,在既有路基边坡

图 6 - 5 施工前施工场地

图 6 - 6 原状土处理

图 6 - 7 原状土处理后

图 6 - 8 静压桩施工

图 6 - 9 PHC 管桩桩帽施工

图 6 - 10 铺设格栅

范围内的地基采用小直径钻孔灌注桩进行处理(图 6-11)。既有路堤为粉煤灰填筑的路段,在成孔前先埋入护筒,护筒进入既有路基粉煤灰层底下不小于 0.5 m,避免既有路堤中的粉煤灰流失。

(2) Ⅱ区采用石灰桩处治,上部采用 EPS 轻质填料,如图 6-12 和图 6-13 所示。

图 6-11 钻孔灌注桩施工　　　　　图 6-12 石灰桩施工

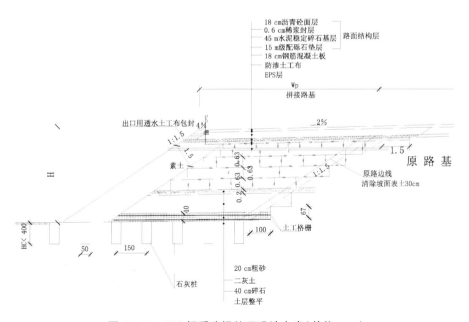

图 6-13 EPS 轻质路堤处理设计方案(单位:cm)

6.3 观测方案设计

6.3.1 观测断面选择

断面选取情况如表 6-1 所示。

表 6-1 观测断面分类统计

观测断面	断面里程	断面编号	断面特点	断面总数
K18+750.00—K18+881.82	K18+800	PHC1	一般路段	3
	K18+850	PHC2	与 PHC1 断面平行观测	
	K18+875	PHC3	与 EPS 轻质路堤方案比较	
K19+071.28—K19+250.00	K19+080	PHC4	与 PHC3 断面平行观测	3
	K19+150	PHC5	路堤填筑高度最大	
	K19+225	PHC6	距西气东输管线最近	
K18+891.87—K19+041.11	K18+901	EPS1	桥台背后	3
	K18+965	EPS2	一般路段	
	K19+031	EPS3	石灰桩处理深度最大	

6.3.2 观测项目

为掌握桩承式加筋路堤的工作机理、评价地基处理效果,进行了地表沉降、分层沉降、侧向位移、孔隙水压力、土压力和格栅应变等观测,如表 6-2 所示。

表 6-2　A11 先导段观测内容项目一览表

监 测 项 目		元器件名称	布 点 位 置
沉降	地基原地表沉降	沉降板	分布于新老路基坡脚间
	新老路面沉降	沉降钉	于中央分隔带至新路肩之间,每个断面 8 个
	地基分层沉降	分层沉降管	(PHC)每个断面老路肩和新路基上各 1 根,(EPS3)新路基上 1 根
水平位移	地面水平位移	水平位移边桩	每断面新路基边坡外侧各 2 根
	地基土体水平位移	测斜管	(PHC)每个断面新路基边沟外侧各 1 根,(EPS3)新路基边沟外侧 1 根
应力	孔隙水压力	孔隙水压力计	(PHC)每个断面老路肩和新路基上各 1 孔,(EPS3)新路基上 1 孔
	管桩挤土应力	土压力盒	(PHC)每个断面;EPS 每个断面
	填土附加应力	土压力盒	K18+800 和 K18+850 段面各 1 孔
其他	地下水位	水位观测计	PHC 共 3 根;EPS 每断面 3 根
	格栅应变	格栅应变计	PHC 中 4 个断面

6.3.3　元件布设

各观测元件的布设如图 6-14 所示。

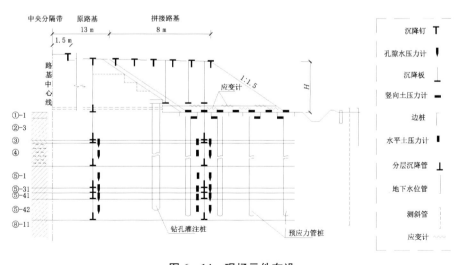

图 6-14　现场元件布设

6.4 实施效果分析与评价

6.4.1 沉降

各典型断面的荷载-沉降时程曲线如图 6‐15—图 6‐17 所示。分析表明：

（1）各观测断面由于路基填土作用产生的沉降总量较小。PHC1 断面最大沉降量为 4.9 cm，PHC2 断面最大沉降量仅为 2.9 cm，EPS2 断面最大沉降量小于 1.5 cm。说明桩承式加筋路堤和 EPS 轻质路堤的处理均较为成功。

（2）虽然沉降总量较小，但桩土之间仍体现出一定的差异沉降。各区最大沉降量均发生在桩间土位置，如 PHC1 断面的桩 1、桩 2 间土沉降达到 4.9 cm，桩 2、桩 3 间土沉降达 3.4 cm，而桩 1、桩 2、桩 3 的沉降量分别仅有 2.5 cm、1.3 cm 和 2.3 cm，最大桩土差异沉降为 3.6 cm。

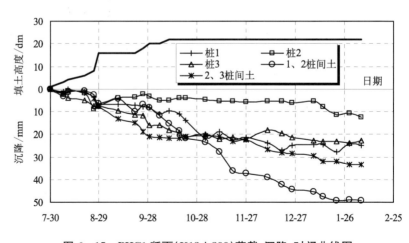

图 6‐15　PHC1 断面（K18＋800）荷载‐沉降‐时间曲线图

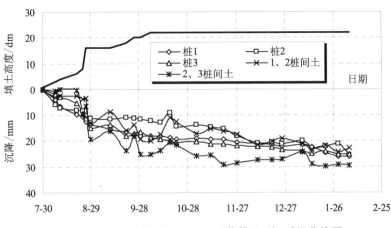

图 6-16　PHC2 断面(K18+850)荷载-沉降-时间曲线图

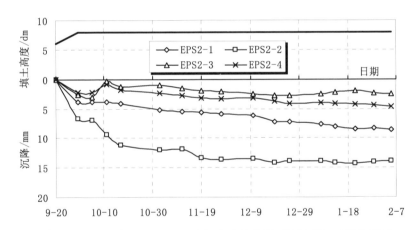

图 6-17　EPS2 断面(K18+965)拓宽路基荷载-分层沉降-时间曲线图

6.4.2　分层沉降

各典型断面下,不同深度处的分层沉降时间关系曲线如图 6-18—图 6-20 所示。其中,老路地基分层沉降测点为老路硬路肩以下,拓宽地基分层沉降位于老路坡脚两桩(桩 1 和桩 2)之间。可见:

(1)分层沉降数据变化趋势和变化规律基本相同:分层沉降量随着深度增加逐渐减小;随着荷载增加逐渐增大;随时间增长曲线逐渐趋于平滑

稳定。

（2）新老地基内同一深度处磁环的变化规律基本相同，新老地基差异沉降尚不显著。

（3）所有断面总沉降量均较小，一方面是因为填土高度小、观测周期短；另一方面因为 PHC 管桩复合地基整体刚度较大而变形量小，可见此段地基处理效果较显著。

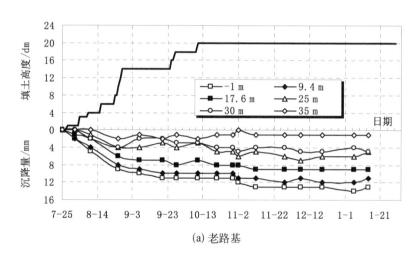

(a) 老路基

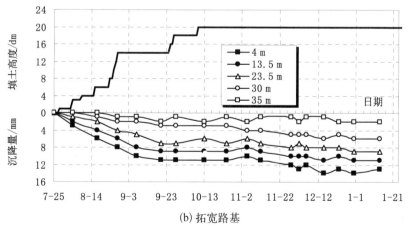

(b) 拓宽路基

图 6-18　PHC1 断面(K18+800)荷载-分层沉降-时间曲线图

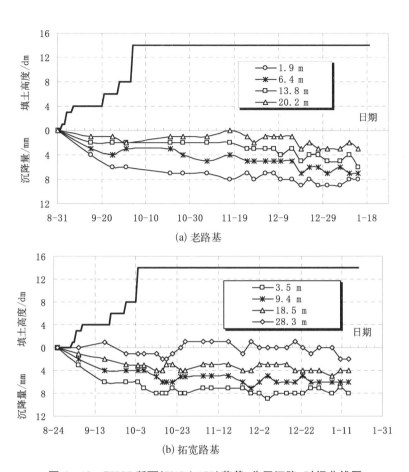

(a) 老路基

(b) 拓宽路基

图 6‑19　PHC5 断面(K19＋150)荷载‑分层沉降‑时间曲线图

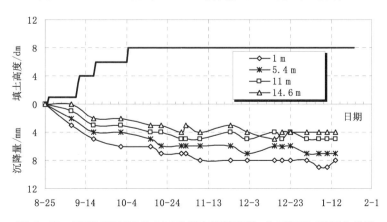

图 6‑20　EPS3 断面(K19＋031)拓宽路基荷载‑分层沉降‑时间曲线图

（4）填土荷载对沉降变化影响较大,在填土施工期间,沉降曲线产生较明显的下沉量,填土结束后沉降变化量很小,反映了桩承式加筋路堤适应快速施工的特点。

（5）通过对3个区段分层沉降压缩量和压缩层位进行分析,得到地基主要压缩量分布情况如表6-3所示。各段面分层压缩量主要集中在4～25 m深度范围内,25 m深度以下范围内压缩量很小,一方面说明浅地层附加应力较大,地层排水固结速率较快,与实际地质情况相符;另一方面说明地层压缩量主要集中于PHC管桩处理范围以内,桩底土层压缩量很小。

表6-3　先导段地基分层压缩量统计表

位置编号	土层深度	压缩量/mm	占总压缩量的百分比
Ⅰ区	4～10 m	3	23.1%
	10～18 m	4	30.7%
	18～27 m	3	23.1%
	27 m以下	3	23.1%
Ⅱ区	1～14 m	4	50%
	14.6 m以下	4	50%
Ⅲ区	2～10 m	3	30%
	10～20 m	4	40%
	20 m以下	3	30%

6.4.3　侧向位移

在路基土的填筑过程中,PHC2断面(K18+850)地基各层桩间土侧向位移随时间的变化过程如图6-21所示,变化速率如图6-22所示。

由图6-21可知,各深度层位侧向位移的量值随时间的增长而累积。侧向位移的最大值为9 mm,发生在2 m和9 m深度处;侧向位移大于6 mm的土层深度范围为0～10 m,16～19 m,其他深度层位的侧向位移量普遍较小,说明 PHC 管桩复合地基的处理效果比较好。

　　由图 6 - 22 可知,9 月 10 日相对于 8 月 28 日侧向位移的变化幅度最明显,主要原因是 8 月 24—28 日连续填土 5 层共计 100 cm,填土速度过快。另外,连续填土,重型施工机械在新填路基坡脚外侧停留时间过长和通过过于频繁也是其中一个重要影响因素。侧向位移的最大变化幅度为 3.75 mm,发生在 18.5 m 深度处,主要原因是该深度的土质为灰色淤泥质黏土,性质比较软弱。其余时间侧向位移的变化幅度均不大,说明施工进度比较合理。

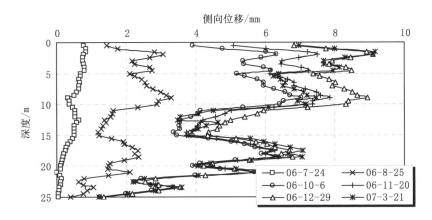

图 6 - 21　PHC2 断面(K18+850)土体侧向位移时程曲线

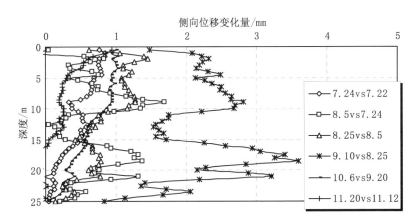

图 6 - 22　PHC2 断面(K18+850)土体侧向位移变化量时程曲线

在路基土的填筑过程中,EPS3 断面侧向位移随时间的变化过程如图 6‑23 所示,变化速率如图 6‑24 所示。

由图 6‑23 可知,二区软土地基各深度层位侧向位移的规律比较明显,在 9 月 11 日之前基本呈直线,量值最大为 -2.6 mm,发生于 9 m 深度处;之后基本呈"ε"形状,量值最大为 28.32 mm,发生于 0.5 m 深度处,量值大于 5 mm 的深度分别为 0.5~1.5 m、3.5~10.5 m、18.0~24.0 m。究其原因,这三段的土质分别为填土、灰色淤泥质黏土和灰质黏土,性质比较软弱。

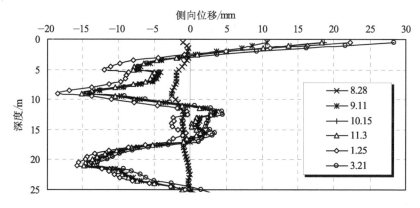

图 6‑23 EPS3 断面(K19＋031)土体侧向位移时程曲线

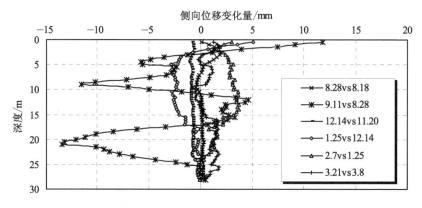

图 6‑24 EPS3 断面(K19＋031)土体侧向位移变化量时程曲线

由图6-24可知,9月11日相对于8月28日二区软土地基各深度层位侧向位移的变化幅度最明显,其主要原因是8月27—9月11日连续填碎石2层共计40 cm,填筑速度过快。侧向位移的最大变化幅度为13.45 mm,发生在21.0 m深度处,而该深度为灰色淤泥质黏土与灰色黏土的交界面,性质比较软弱。

另外,对比两断面侧向位移的量值可以看出,EPS断面的侧向位移比PHC断面大。一方面说明PHC断面中,拓宽路基坡脚桩对限制土体侧向位移的功效较好,另一方面也说明虽然EPS总体自重较轻,但路基其他填料(包括碎石褥垫层和包边土)对地基变形的影响也不可忽视。

6.4.4　格栅应变

鉴于当前Ⅰ区填土高度较大(2.4 m,包括下部40 cm碎石褥垫层),已经对双向刚塑格栅拉应变产生了较大的影响。故在数据分析整理的过程中,针对Ⅰ区两个断面的实测钢塑格栅应变的变化发展规律进行了分析与比较,PHC1断面(K18+800)和PHC2断面(K18+850)的钢塑格栅应变时程曲线分别见图6-25和图6-26。可以看出:

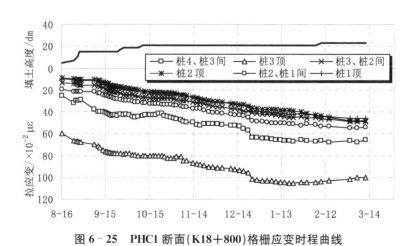

图6-25　PHC1断面(K18+800)格栅应变时程曲线

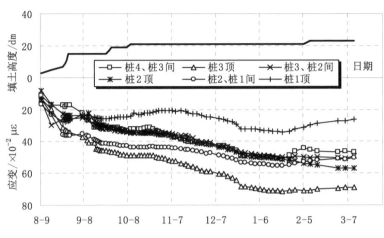

图 6-26　PHC2 断面(K18+850)格栅应变时程曲线

(1) 随路堤填筑高度的增加,不同位置刚塑格栅的拉应变都在增大;

(2) 在两次填筑之间的停工期内拉应变也在缓慢增加较好地发挥了兜提拉膜的作用,一方面加固了碎石垫层,起到了扩散填筑荷载应力的作用,更重要的是将路堤填筑荷载充分传到桩顶,以最大限度发挥刚性桩极限承载能力大的特点。

(3) 由于桩 4、桩 3 间土及桩 3 顶在新路的最外侧,受施工车辆的影响较大,并且其上填土呈现不等高填筑的特征,故 6 个不同位置刚塑格栅的拉应变以 3 桩顶增加的趋势最为明显。

(4) 测试结果与理论分析得到的结果(桩帽边缘格栅拉应力最大、由内向外格栅应力减小)并不完全一致。一方面是受施工机械及施工进度的影响,以及测试仪器布设和观测精度问题,另一方面可能是由于路基尚未填筑完毕,地基和格栅变形尚未充分响应(桩土差异沉降为 3.6 cm),造成原始数据误差对分析结果的影响较大。应对此进行长期跟踪观测,以评价拓宽路基运营过程中,地基沉降和差异沉降充分产生时,格栅的应变历程及其空间分布。

6.4.5　土压力

PHC1 断面(K18+800)桩 1 的桩顶和桩下,以及桩 1 和桩 2 桩间土的土压力测试结果如图 6-27 所示。

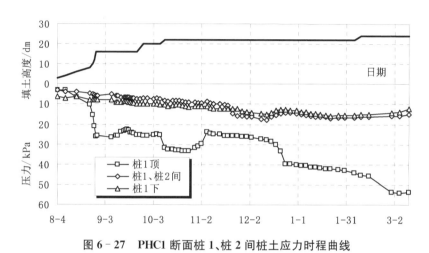

图 6-27　PHC1 断面桩 1、桩 2 间桩土应力时程曲线

(1) 3 个位置上的土压力均随填土高度的增加而增大。

(2) 在荷载填筑的初始阶段,桩顶所承受荷载接近于桩间土所承受荷载。

(3) 在路堤填筑高度达到 50 cm 时,桩顶土压力第一次大于桩间土和桩帽下土压力;

(4) 在路堤填筑高度达到 70 cm 左右时,桩顶上土压力发生明显突变,在以后的填土阶段一直保持这个趋势不变。

(5) 在初期路堤填土速度较快,在不到 30 天里累计填土高度达 150 cm,从而使桩顶土压力变化的幅度较大;从 10 月 10 日开始三个多月都出于停工状态,由于桩顶及桩间土的沉降变形导致土压力继续增加。

PHC2 断面(K18+850)桩 1 的桩顶和桩下,以及桩 1 和桩 2 桩间土的土压力测试结果如图 6-28 所示。可见其变化规律与 PHC1 断面基本相

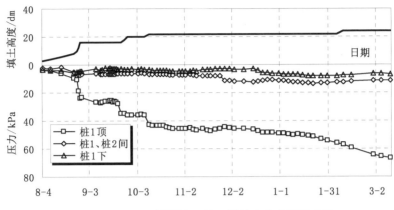

图6-28 PHC2断面桩1、桩2间桩土应力时程曲线

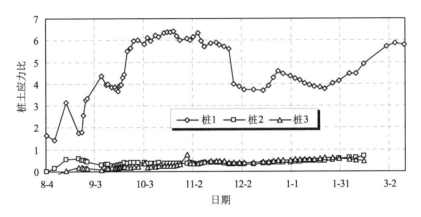

图6-29 PHC2断面不同位置桩土应力比的比较

同。该断面不同位置的桩土应力比的时程曲线绘于图6-29中。

表明,桩间土的应力比随路堤填筑高度的增加而成波浪式的上升趋势,而这正反映了桩顶、桩间土的应力转化规律;在每级填土结束后桩土应力比增大导致桩本身的下沉,随着桩与桩间土沉降变形达到协调后,桩土应力比将产生轻微的回落,但总的趋势是桩土应力比在增大。另外,虽然目前填土高度不大,但仍显示出内侧桩的桩土应力比比其他桩大,与理论分析得到的趋势相同。

6.4.6　竖向土压力和孔隙水压力

PHC1 断面压桩过程中路上和路下不同深度处土层的水平向土压力和孔隙水压力的发展过程见图 6-30。表明：

（1）在 PHC 管桩压入过程中，饱和软土地层的水平向土压力和孔隙水压力均显著增大，并具有迭加效应，同时随时间逐渐消散。

（2）不同深度土层的水平向土压力和孔隙水压力的增长规律有所不同。12 m 以上地层的水平向土压力和孔隙水压力受挤土效应影响较小，水平向土压力最大可增长 35 kPa 左右，孔隙水压力最大可增长 20 kPa 左右；12～30 m 范围内地层的水平向土压力和孔隙水压力受挤土效应影响较大，水平向土压力和孔隙水压力基本呈现同幅度增长，最大可增长 200 kPa 左右；30～45 m 范围内地层的水平向土压力和孔隙水压力受挤土效应影响最大，水平向土压力最大可增长 300 kPa 左右，孔隙水压力最大可增长 200 kPa 左右。

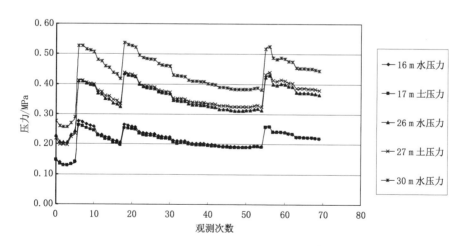

图 6-30　PHC1 断面桩 3、桩 4 间竖向土压力和孔隙水压力

6.5　本　章　小　结

本章简要介绍了 A11 先导段桩承式加筋路堤的设计、施工和跟踪观测,并与 EPS 处理路段进行了比较。数据分析结果表明,2 种处理措施的工程效果均较为明显:

(1) 各观测断面由于路基填土作用产生的沉降总量较小,最大沉降量仅为 4.9 cm,桩土差异沉降为 3.6 cm,新老地基差异沉降尚不显著。

(2) 桩承式加筋路堤对限制土体侧向位移的效果较好,虽然 EPS 总体自重较轻,但路基其他填料(包括碎石褥垫层和包边土)对地基变形的影响也不可忽视。

(3) 桩承式加筋路堤路段,刚塑格栅的拉应变随着路基填土高度的增加及堆载时间的推移逐步增加,较好地发挥了兜提拉膜的作用,一方面加固了碎石垫层,起到了扩散填筑荷载应力的作用,另一方面将路堤填筑荷载充分传到桩顶;桩间土的应力比随路堤填筑高度的增加而成波浪式的上升趋势,充分发挥了桩体的承载能力。

(4) PHC 管桩施工的挤土效应较为明显,饱和软土地层的水平向土压力和孔隙水压力均显著增大,并具有迭加效应,同时随时间逐渐消散。

第7章
结论与展望

本文遵循"工程性状—损坏机理—工程对策—技术措施—影响因素—优化设计"这一主线,对软土地区高速公路拓宽工程的力学性状和桩承式加筋路堤处理方法进行了重点研究,并结合实体工程进行了处理效果的跟踪观测与实践验证。

7.1 主 要 结 论

本文主要结论和研究成果如下:

(1) 明确了软土地基高速公路拓宽工程的主要特点,并考虑路基、路面的综合体系,采用单元生死技术和流固耦合单元,建立了软土地基高速公路拓宽工程的非线性有限元模型,进而针对老路地基为天然地基和复合地基两种工况,详细分析了不同时段地基、路基及路面的工程响应:

① 在拓宽公路施工过程中,老路坡脚附近浅层地基区域出现较大的超孔隙水压力,地基稳定性较差;且施工速度越快,超孔隙水压力越大。

② 随着拓宽公路的施工及运营,既有路基顶面的变形由新建路基的"盆形"曲线逐渐发展为"倒钟形"曲线。

③ 既有路面结构跟随新老路基不均匀变形,基层顶面的应力逐步由压应力发展为拉应力,并在距新老路面界面 1～2 m 处达到最大,当拉应力接近其至超过基层材料的弯拉强度时,既有路面使用寿命大为减少甚至出现开裂。

④ 在既有路面仍作为拓宽后整体路面结构主要承力层的情况下,拓宽过程中引起的老路地基施工沉降对既有路基、路面的结构性能和服务性能具有显著影响,因此在地基处理技术的选取和设计中应注意充分减小施工期间的老路地基沉降。

⑤ 可遵循"协同设计"的原则,按照略强于老路地基处理强度的标准,进行拓宽地基的处理。

(2) 传统分析方法难以反映桩承式加筋系统中荷载传递的耦合作用,考虑桩处理平面简化的局限性和路堤拓宽荷载的非轴对称性,建立了软土地基高速公路桩承式加筋路堤的三维有限元分析模型:

① 桩承式加筋路堤由刚性桩、桩托板(桩帽)、水平加筋体、垫层和其他填料共同组成,其荷载传递机理包括填土的拱效应、格栅的拉膜效应或加筋垫层的刚性垫层效应,以及桩土间刚度差异引起的应力集中。

② 三维有限元模型中,采用流固耦合单元 C3D8P 模拟地基和桩体、实体单元 C3D8 模拟路堤和路面结构、三维薄膜单元 M3D4 进行模拟格栅,并以桩体为主面、桩间土为从面,采用接触摩擦单元模拟桩土接触的状态非线性。

(3) 桩承式加筋路堤处理机理和效果的数值模拟表明:

① 土工格栅最大变形和最大拉力发生在桩帽边缘处;且老路坡脚桩桩帽边缘的格栅应力最大,外侧桩帽边缘的格栅应力逐渐减小,至拓宽路基坡脚桩,其桩帽边缘的格栅基本无拉应力贡献。

② 采用桩承式加筋路堤处理后,地表最大不均匀沉降由 50 cm 减小为 8.3 cm,超孔隙水压力由 63.7 kPa 下降为 11 kPa,说明该方法在减小路基

不均匀沉降、提高拓宽路堤稳定性等方面卓有成效。

③ 由于采用桩承式路堤处理,路基拓宽之前老路基顶面所呈现的"盆形"曲线,随着拓宽路基、路面荷载的增加,基本形态不变,仅其不均匀性逐渐减小;由此老路基层顶面一直为受压状态,避免了拓宽工程中极易出现的老路基层顶面开裂的损坏现象。

④ 在路堤较高的情况下,老路边坡范围内的地基处理相当重要,否则可能在此位置出现局部范围较大的不均匀沉降,从而导致拓宽路面基层底面的弯拉开裂。

（4）应用所建立的桩承式加筋路堤三维有限元分析模型,通过桩土应力比、桩土摩擦、地基沉降、桩土差异沉降、格栅应力和路面应力等工程响应,考察了路堤高度、横断面布桩方式、桩长、纵向桩间距等主要设计参数的敏感性,并初步提出了一些设计优化的建议:

① 路基横断面上,自老路坡脚桩至拓宽路基坡脚桩,对于承担上覆荷载、减小地基沉降的贡献逐渐减小,故横断面可采取"内密外疏"的布桩方式。

② 在路基拓宽工程中,土工格栅不仅能减小桩土之间的差异沉降,而且在抑制新老路基不均匀沉降方面发挥着一定功效,因此在桩承式加筋路堤的设计中,应结合老路台阶的开挖,尽量将土工格栅布设于老路边坡以内。

③ 在路堤高度超过 3 m 时,为避免老路边坡位置的地基产生显著的不均匀沉降,宜结合老路边坡台阶的开挖,在老路地基处布设桩基。

④ 为减小下卧软土层的工后沉降,适应快速施工的要求,并保障拓宽工程施工时既有公路的行车舒适及安全,应选择足够的桩长。桩长以穿透软土层为宜。

⑤ 虽然高强度土工格栅可以发挥拉膜效应,对上部路堤填料起到提拉作用,防止桩帽下面形成空洞而产生破坏,但在桩间距较大时(超过 2～

3 m),桩土差异沉降仍较为显著,故需要设置一定厚度的碎石褥垫层,充分发挥其流动补偿作用。

⑥ 桩间距对桩土差异沉降、老路基工后沉降、格栅应力、路面结构变形附加应力均具有显著影响。综合各因素的要求,在上海等深厚软土地区,桩间距以不大于 3 m 为宜,可根据路基高度的增大而逐渐加密。

(5)在沪宁高速公路(上海段)拓宽工程中进行了桩承式加筋路堤的试验路设计和施工。为期 7 个月的跟踪观测表明,处理措施合理、有效:

① 各观测断面由于路基填土作用产生的沉降总量较小,最大沉降量仅为 4.9 cm,桩土差异沉降为 3.6 cm,新老地基差异沉降尚不显著。

② 桩承式加筋路堤对限制土体侧向位移的效果较好,虽然 EPS 总体自重较轻,但路基其他填料(包括碎石褥垫层和包边土)对地基变形的影响也不可忽视。

③ 桩承式加筋路堤路段,刚塑格栅的拉应变随着路基填土高度的增加及堆载时间的推移逐步增加,较好地发挥了兜提拉膜的作用,一方面加固了碎石垫层,起到了扩散填筑荷载应力的作用,另一方面将路堤填筑荷载充分传到桩顶;桩间土的应力比随路堤填筑高度的增加而成波浪式的上升趋势,充分发挥了桩体的承载能力。

④ PHC 管桩施工的挤土效应较为明显,饱和软土地层的水平向土压力和孔隙水压力均显著增大,并具有迭加效应,同时随时间逐渐消散。

7.2 进一步研究的工作方向

由于时间和条件的限制,虽然本文研究取得了一些有意义的结论,但依然有许多需要深入研究的工作:

(1)本文研究成果已在沪宁高速公路(上海段)拓宽工程中得到应用,

但目前实体工程正在施工进行中,需要进一步积累现场观测数据,尤其是拓宽公路运营期间的实际效果,对研究成果进行验证与修正。

（2）拓宽路面的现场施工为分层填筑,且其与既有路面的结合难以保证完全连续,而在本文数值模拟中未能充分考虑上述影响,导致路面结构应力的计算值偏大,应在后续研究中予以解决和完善。

（3）桩承式加筋路堤系统涉及的设计参数较多,由于模型计算成本和研究时间的限制,本文对设计参数的敏感性分析略显粗糙,并未涵盖桩帽尺寸、加筋材料、加筋层位、垫层特性等其他设计参数,应在今后的研究中继续深入和系统。

（4）本文仅初步提出了拓宽地基处理"协同设计"的理念,其具体设计方法和操作实施仍有待于进一步细化和定量。

参考文献

［1］ 黎志光.高速公路加宽扩建工程新老路衔接的处理措施［J］.广东公路交通，
2001,68(2)：9－10.

［2］ 桂炎德,徐立新.沪杭甬高速公路(红垦至沽浩段)拓宽工程设计方法［J］.华
东公路,2001(6)：3－6.

［3］ 徐泽中,苏超,何良德.锡澄与沪宁高速公路拼接段地基处理设计［J］.水利水
电科技进展,1998,18(2)：49－51.

［4］ 陈海珊,胡永深.广佛高速公路加宽工程的软基处理［J］.广东公路交通，
1998(3).

［5］ 龚晓南,徐日庆,郑尔康.高速公路软弱地基处理理论与实践［M］.上海：上
海大学出版社,1998.

［6］ 杨顺安,刘志欣,张迎春,等.粉喷桩加固软土地基的认识［J］.地质科技情报，
1999,18(3)：75－78.

［7］ 刘秋文.高压旋喷注浆法在特殊地基处理中的应用［J］.水运工程,1999(5)：
41－44.

［8］ 任文宏.高速公路软基加固技术及其效果分析［J］.国外公路,2000,20(4)：
55－57.

［9］ 苏阳.广佛高速公路扩建工程软基路段施工简介［J］.水运工程,2001(2)：
51－55.

[10] 刘保健,谢永利.海南东线高速公路软基处理现场试验研究[J].西安公路交通大学学报,1998,18(48):214-217.

[11] 苏超,徐泽中,吴任.锡澄与沪宁高速公路沉降隔离墙工作状态的数值模拟[J].水利水电科技进展,1998,18(2):52-54.

[12] 苏超,徐泽中,吴任.高速公路拼接段地基参数反分析方法及其应用[J].河海大学学报(自然科学版),2000,28(6):38-42.

[13] 郭志边,余佳,徐泽中.高速公路拼接段地基处理方法的探讨[J].施工技术,2002,31(1):45-46.

[14] 谢家全,吴赞平,华斌,等.沪宁高速公路扩建工程软土地基处理和路基拼接技术研究[J].现代交通技术,2006,5:40-47.

[15] 顾建武,侯辉.沪宁高速公路扩建工程典型软基特性及处治对策研究[J].土工基础,2005,19(3):12-15.

[16] 刘奉桥,曲向前,聂鹏,等.沈大高速公路改扩建工程路基加宽技术[J].辽宁交通科技,2005,1:1-7.

[17] 杨昊.沈大高速公路改扩建工程软土地基处理的设计思路和施工控制要点[J].东北公路,2002,25(2):11-14.

[18] Richard J. Deschamps, Christopher S. Hynes, Philippe Bourdeau. Embankment widening design guidelines and construction procedures[R]. Final Report, Purdue University,1999.

[19] 汪浩.新老高速公路结合部处治技术研究[D].南京:东南大学,2004.

[20] 章定文.软土地基上高速公路扩建工程变形特性研究[D].南京:东南大学,2004.

[21] 刘汉清,曾国东,应荣华.老路拓宽容许工后不均匀沉降指标研究[J].公路,2004,3:37-38.

[22] 桂炎德.高速公路拓宽设计方法初探[J].公路,2004,23(1):59-64.

[23] 孙四平,侯芸,郭忠印,等.旧路加宽综合方案设计的几点考虑[J].华东公路,2002,56(5):7-10.

[24] 何长明,李亮.高速公路拓宽设计及拼接缝的处理[J].路基工程,2006,5：109-111.

[25] 李晨明.高速公路改扩建工程中路基拓宽的处理问题[J].辽宁交通科技,2002,33(1)：20-21.

[26] 吴波,张傲宁,张宏斌.沈大高速公路路基改造加宽技术的应用[J].辽宁交通科技,2004,43(3)：89-90.

[27] 李锁平,龚成亮.土工格栅砂砾垫层在软弱地基路基加宽段的应用设计[J].公路,2001,19(11)：20-23.

[28] 刘志博,刘志铎.新老路基结合处不均匀沉降产生纵向裂缝的施工工艺探讨[J].辽宁交通科技,2004,43(3)：93-94.

[29] 罗火生,丘雨均,洪宝宁.CFG桩在高速公路软基路段加宽处理中的应用[J].广东公路交通,2001,67(2)：48-51.

[30] 王斌,徐泽中.预应力管桩在高速公路拼接工程软基处理中的设计方法[J].公路,2004,48(2)：84-88.

[31] 丁小秦.薄壁管桩在高填土路堤软基处理中的应用[J].城市道桥与防洪,2003,43(4)：99-102.

[32] 黄琴龙,凌建明,吴征等.EPS轻质填料处治平原软基地区路基拓宽工程[J].塑料,2004,120(6)：74-78.

[33] 孙文智,金爱国,肖质江.沪杭甬高速公路拓宽工程施工[J].中外公路,2004,110(4)：34-38.

[34] 陈玉良,吕悦,张志宁.公路拓宽改建工程路面纵向开裂原因及防治[J].华东公路,2003(1)：38-41.

[35] 嵇如龙等.软土地基上路堤拓宽处理技术研究[J].华东公路,2002(5)：25-29.

[36] 杨卫东,陈景雅.新老路基拼接的沉降及对策浅析[J].江苏交通工程,1999(专刊)：139-141.

[37] Van meurs A N G, Van Den Berg A. et al. Embankment widening with the

gap-method[C]// Rotterdam：Geotechnical Engineering for Transportation Infrastructure，1999：1133－1138.

[38] Brinkgreve R B J，Vermeer P A . Constitutive aspects of an embankment widening project[C]// Proc. International Workshop：Advances in understanding and modeling the mechanical behaviour of peat，Roterdam：Balkema，1994：143－158.

[39] Ludlow S J，Chen W F，Bourdeau P L，et al. Embankment widening and grade raising on soft foundation soils[R]．PHASE2，Research Project Final Report：Joint Highway Research Project Purdue Univeisity，1993.

[40] Hjortnæs-Pedersen A G I，Broers H．The behaviour of soft subsoil during construction of an embankment and its widening[C]// Proc. Centrifuge 94. Balkema，Rotterdam，1994，567－574.

[41] 周志刚,郑健龙.老路拓宽设计方法的研究[J].长沙交通学院学报,1995,11(3)：50－56.

[42] 汪浩,黄晓明.软土地基上高速公路加宽的有限元分析[J].公路交通科技,2004,13(1)：21－24.

[43] 钱劲松,孙力彤,管旭日.老路拓宽差异沉降计算的研究[J].兰州铁道学院学报(自然科学版),2003,22(4)：91－94.

[44] 贾宁,陈仁朋,陈云敏,等.杭甬高速公路拓宽工程理论分析及监测[J].岩土工程学报,2004,123(6)：755－760.

[45] 郭志边.软土地区高速公路拼接段路基的设计及沉降规律分析[D].南京：河海大学,1999.

[46] 苏超,徐泽中,吴任.高速公路拼接段地基参数反分析方法及其应用[J].河海大学学报(自然科学版),2000,28(6)：38－42.

[47] Allersma H G B. Investigation of road widening on soft soils using a small centrifuge[R]．Transportation Research Record,1994：47－53.

[48] 孙四平,侯芸,郭忠印.旧路加宽综合处治的模型试验研究[J].合肥工业大学

学报(自然科学版),2004,24(5):513-517.

[49] 黄琴龙,凌建明,唐伯明,等.新老路基不协调变形模拟试验研究[J].公路交通科技,2004,21(12):18-21.

[50] Han J. Design and construction of embankments on geosynthetic reinforced platforms supported by piles[C]// Proceedings of 1999 ASCE/PADOT Geotechnical Seminar, Central Pennsylvania Section Hershey, 1999. 66-84.

[51] 晏莉,阳军生,韩杰.桩承土工合成材料加筋垫层复合地基作用原理及应用[J].岩土力学,2005,26(5):821-826.

[52] 龚晓南.复合地基理论及工程应用[M].北京:中国建筑工业出版社,2002.

[53] 陈宏友,李彬.桩承土工合成材料复合地基在潭邵高速公路软基处理中的应用[J].中南公路工程,2002,27(1):40-41.

[54] 刘训华,唐绪军.碎石桩在秦沈客运专线加固路桥过渡段基础中的应用[J].路基工程,2001(2):47-48.

[55] 郑忠勤,谭祖保,胡汉忠.用粉喷桩土工格栅加固永丰营车站深层软土路基的施工技术[J].路基工程,2000(3):58-61.

[56] 谢前军,刘塑.水泥粉喷桩在桥台后过渡段软基处理中的应用[J].路基工程,2002(4):40-43.

[57] Gabr M A, Han J. Numerical analysis of geosynthetic-reinforced and pile-supported earth platforms over soft soil[J]. Journal of Geotechnical and Geoenvironmental Engineering,2002(1):44-53.

[58] Alzamora D, Wayne M H, Han J. Performance of SRW supported by geogrids and jet grout columns[C]// Proceedings of ASCE Specialty Conference on Performance Confirmation of Constructed Geotechnical Facilities. US: American Society of Civil Engineering,2000. 456-466.

[59] Han J, Akins K. Case studies of geogrid-reinforced and pile-supported earth structures on weak foundation soils[C]// Proceedings of International Deep Foundation Congress. Orlaando,2002. 668-679.

［60］ John N W M. Geotextiles［M］. London：Blackie，1987.

［61］ Carlsson B. Reinforced Soil，Principles for Calculation［M］. Swedish：Terratema AB，Linöping，1987.

［62］ British Standard BS 8006，Code of Practice for Strengthened/Reinforced Soils and other Fills［S］.

［63］ Svanø G，Ilstad T，Eiksund G，et al. Alternative calculation principle for design of piled embankments with base reinforcement［C］// Proceedings of 4th International Conference on Ground Improvement Geosystems. Helsinki，2000.

［64］ Alzamora D，Wayne M H，Han J. Performance of SRW supported by geogrids and jet grout columns［C］// Proceedings of ASCE Specialty Conference on Performance Confirmation of Constructed Geotechnical Facilities. US：American Society of Civil Engineering，2000. 456－466.

［65］ 张起森. 道路工程有限元分析法［M］. 北京：人民交通出版社. 1983.

［66］ 王勖成，邵敏. 有限单元法基本原理和数值方法［M］. 北京：清华大学出版社，1997.

［67］ 朱以文，蔡元奇，徐晗. ABAQUS 与岩土工程分析［M］. 北京：中国图书出版社，2005.

［68］ 龚晓南. 土塑性力学［M］. 北京：清华大学出版社. 1997.

［69］ 谢康和，周健. 岩土工程有限元分析理论与应用［M］. 北京：科学出版社. 2002.

［70］ 姚甫昌，谢红建，何世秀. 对修正剑桥模型的认识及试验模拟［J］. 湖北工学院学报，2004，19(1)：13－16.

［71］ Andrew Schofield，Peter Wroth. Critical State Soil Mechanics［M］. McGraw-Hill，1968：107－111.

［72］ Akio Nakase，Takeshi Kamei，Osamu Kusakabe. Constitutive parameters estimated by pasticity index［J］. Journal of Geotechnical Engineering，

ASCE，1988，114(7)：844 - 858.

[73] 陈建峰,孙红,石振明,等.修正剑桥渗流耦合模型参数的估计[J].同济大学学报(自然科学版),2003,31(5)：544 - 548.

[74] 张丙印,于玉贞,张建民.高土石坝的若干关键技术问题[C]//第9届土力学及岩土工程学术会议论文集.北京：清华大学出版社,2003：163 - 186.

[75] Goodman R E, Taylor R L and Brekke T L. A model for the mechanics of jointed rock[J]. ASCE,JSMFD, 1968,94(3)：637 - 660.

[76] Desai C S, Zaman M M, Lighter J G, et al. Thin layer element for interfaces and joints[J]. International Journal for Numerical and Analytical Methods in Geomechanics,1984,8(1)：19 - 43.

[77] Sharma K G and Desai C S. Analysis and implementation of thin layer element for interfaces and joints[J]. Journal of Engineering Mechanics, ASCE, 1992,118(12)：2442 - 2462.

[78] Katona M G. A simple contact friction interface element with applications to buried culverts [J]. International Journal for Numerical and Analytical Methods in Geomechanics,1983,(7)：371 - 384.

[79] 殷宗泽,朱泓,许国华.土与结构材料接触面的变形及数学模拟[J].岩土工程学报,1994,16(3)：14 - 22.

[80] 张冬霖,卢廷浩.一种土与结构接触面模型的建立及其应用[J].岩土工程学报,1998,20(6)：62 - 66.

[81] 卢廷浩,鲍付波.接触面薄层单元耦合本构模型[J].水利学报,2000,(2)：71 - 75.

[82] 黄琴龙,凌建明,唐伯明,等.旧路拓宽工程的病害特征和机理[J].同济大学学报(自然科学版),2004,32(2)：197 - 201.

[83] 孙杰.软土地基高速公路拼宽工程变形特性研究[D].南京：河海大学,2005.

[84] 孙伟.高速公路路堤拓宽地基性状分析[D].杭州：浙江大学,2005.

[85] 汪浩,黄晓明.软土地基上高速公路加宽的有限元分析[J].公路交通科技,

2004,21(8)：21－24.

[86] 岳福青,杨春风,连雨.沥青混凝土路面纵向裂缝的有限元分析[J].交通科技,2003,6：31－33.

[87] 黄琴龙,凌建明,钱劲松.新老路基工后差异变形对路面结构的影响[J].同济大学学报(自然科学版),2005,33(6)：759－762.

[88] 蒋鑫,邱延峻.旧路拓宽全过程三维有限元分析[J].工程地质学报,2005,13(3)：419－423.

[89] 钱劲松.新老路基不协调变形及控制技术研究[D].上海：同济大学,2004.

[90] 宋修广.水泥粉喷桩的理论研究与分析[D].南京：河海大学,2000.

[91] 江苏省高速公路建设指挥部,东南大学交通学院.水泥搅拌桩桩间距控制机理与设计方法[R].2005.

[92] 张胜利.粉喷桩加固软土路基试验研究及计算分析[D].成都：四川大学,2005.

[93] 凌建明,钱劲松,黄琴龙,等.路基拓宽工程处治技术及其效果[J].同济大学学报(自然科学版),2007,(1)：49－53.

[94] 江苏省交通基础技术工程研究中心(河海大学).沪宁高速公路路基拓宽综合处理技术研究成果总结报告[R].2004.

[95] Horvath J S. Expanded polystyrene（EPS）geofoam：an introduction to material behavior[J]. Geotextiles and Geomembrances,1994,13：263－280.

[96] 凌建明,吴征,等.压缩条件下 EPS 的本构关系和疲劳特性[J].同济大学学报(自然科学版),2003,31(1)：21－25.

[97] 吴征.EPS 轻质路堤应用技术研究[D].上海：同济大学,2003.

[98] 发泡聚苯乙烯土木工法开发机构.EPS 工法[M].日本：理工图书株氏会社,平成 5 年 2 月.

[99] John S. Horvath. Concepts for Cellular Geosynthetics Standards with an Example for EPS-Block Geofoam as lightweight Fill for Roads[R]. Research Report No：CGT－2001－4.

[100] John S. Horvath. Geomaterials Research project-Concepts for cellular Geosynthetics Standards with an Example for EPS-Block Geofoam as Lightweight fill for Roads. Research Report No. CGT – 2001 – 4. Manhattan College school of Engineering, Center for Geotechnology.

[101] 陈建中. 发泡聚苯乙烯在道路工程中的应用[J]. 国外公路,1991(3): 48 – 52.

[102] 王斌. 高速公路拼接段沉降变形特性及地基处理对策研究[D]. 南京:河海大学,2004.

[103] 沙庆林. 高速公路沥青路面早期破坏现象及预防[M]. 北京:人民交通出版社,2001.

[104] 周玉民. 水泥混凝土路面脱空状态下的结构分析[D]. 上海:同济大学,2004.

[105] Duskov M, Scarpas A. Three-Dimensional Finite Element Analysis of Flexible Pavements with an (Open Joint in the) EPS Sub-Base [J]. Geotextiles and Geomembranes 1997,15: 29 – 38.

[106] Jones C J F P, Lawson C R, Ayres D J. Geotextile reinforced piled embankments[M]// Den Hoedt Proc. 4th Int. Conf. on Geotextiles: Geomembranes and related products, 1990, Rotterdam: Balkema, 155 – 160.

[107] Han J, Gabr M A. Numerical analysis of Geosynthetic-reinforced and pile-supported earth platforms over soft soil [J]. J of Geotechnical and Geoenvironmental Engineering, ASCE. 2002,128(1): 44 – 53.

[108] Hewlett W J, Randolph M R. Analysis of Piled embankments[J]. Ground Engineering,1998,21(3): 12 – 18.

[109] American Association of State Highway and Transportation Officials (AASHTO), Innovative Technology for accelerated construction bridge and embankment foundations [R]. AASHTO Preliminary Summary

Report,2002：1-11.

[110] Gue See Sew，Tan Yean Chin. Geotechnical Solutions for High Speed Track Embankment-A Brief Overview［J］. Technical Seminar talk-PWI Annual Convention，2001,28-29：1-7.

[111] Finnish road administration. Finncontact (Quarterly newsletter of the Finnish highway transportation technology center，finnt2),2001,9(4)：7-8.

[112] Rathmayer H."Piled embankment supported by single pile caps［C］// Proc.，Conf. on Soil Mechanics and Foundation Engineering，Istanbul，1975：283-290.

[113] Han J. Design and construction of embankments on geosynthetic reinforced platforms supported by pile［C］// Proc.，1999 ASCE/PaDOT Geotechnical Seminar，Central Pennsylvania Section，ASCE and Pennsylvania Department of Transportation，Hershey，Penn.,1999：66-84.

[114] 陈仁朋,许峰,陈云敏,等.软土地基上刚性桩-路堤共同作用分析[J].中国公路学报,2005,18(3)：7-13.

[115] Chen R P，Chen Y M，Xu Z Z. Interaction of Rigid Pile-Supported Embankment on Soft Soil［C］// Geoshanghai International Conference. Advances in Earth Structures：Research to Practice. Geotechnical special publication，2006,15：231-238.

[116] Giroud J P，Bonaparte R，Gross B A. Design of Soil Layer-Geosynthetic Systems Overlying voids［J］. Geotextiles and Geomembranes，1990,9(1)：11-21.

[117] 费康.现浇混凝土薄壁管桩的理论与实践[D].南京：河海大学,2004,9.

[118] 陈凯杰.桩-网复合地基工作性状的研究[D].武汉：武汉科技大学,2005.

[119] 许宏发,吴华杰,郭少平,等.桩土接触面单元参数分析[J].探矿工程,2002,5：10-12.

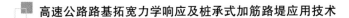
［120］ 中华人民共和国行业标准. JTG D30—2004 公路路基设计规范［S］. 北京：
　　　　人民交通出版社,2004.

［121］ 同济大学,长沙理工大学. 新老路基结合部处治技术研究［R］. 2003.

后 记

本书是我的同济大学工学博士学位论文。为庆祝同济大学 110 周年校庆,此次入选"同济博士论丛",得以出版。

本研究工作始于 2001 年,在交通运输部西部交通建设科技项目的支持下,针对公路拓宽工程中的新老路基结合部问题,探讨了路基拓宽的损坏模式、设计指标和处治原则等共性问题。2006 年,沪宁高速公路上海段拓宽改建工程,需要进行地基处理和路基拼接设计的论证和优化,在上海市科学技术委员会和原上海市城乡建设和交通委员会的资助下,又重点对桩承式加筋路基技术进行了数值分析研究。

受成文时理论水平和实践经验的限制,很多关键问题的研究深度尚未到位,部分研究手段和论证过程仍略显青涩。但令我感到荣幸的是,在其后的十年时间内,一些共性问题的研究成果逐步得到业内的认同,并为行业规范的修订所借鉴;处治技术在沪宁高速公路、沪杭高速公路以及其他类似工程中的应用,也经受了时间的考验,迄今应用效果良好。因此,学院和导师征求对入选博士论丛的意见,虽倍感压力,仍欣然同意。

本书是在导师凌建明教授的悉心指导下完成。先生将他对我成长的关心深深蕴藏在严格的学习要求中,并逐步将我引入科学研究的殿堂。在毕业后从事教职和研究的这十余年间,仍能不断得到先生的指点和教诲,实乃学生之幸事，在此表示由衷的感谢。

同时，再次感谢在现场试验与工程应用过程中，张蕴杰、陈小琪、袁胜强、朱银乐、高成雷、杜浩、邱欣、杨戈等领导和同学给予的关心和帮助。

钱劲松